Liquefaction of the Ground

地盤の液状化

発生原理と予測・影響・対策

石原研而
［著］

朝倉書店

まえがき

四方を海に囲まれたわが国では，海に注ぐ河川の下流部に発達した都市が多い．実際，人口が30万人を超える都市の3分の2までが河口都市あるいは臨海都市である．これらが立地する場所は，長い地質年代にわたって河川が運んだ砂や粘土が堆積した軟弱地盤上にある．さらに，社会や経済の発展に伴って埋立て造成が行われ，この軟弱地帯は拡大されてきている．一方，わが国はどこで地震が起きてもおかしくない環太平洋地震帯の中に位置している．よって，多くの河口，臨海都市が被害を受けることになるが，その元凶はそれらが立地する場所の地盤が軟弱であることに帰せられる．軟弱地盤の大半は砂質土から成っているので，規模の大小の差はあれ，必ずといってよいほど，液状化が起こり，それによる被害が発生することになる．

海からの風によって海岸の砂が舞い上がり，砂丘の陸側の凹地に積もると非常にゆるい状態で砂が蓄積する．そこへ足を踏み込むと，身体ごと沈み込み，蟻地獄に入ったように自力で抜け出せなくなる，という話は古くは英国の漫画などに描かれていた．これはクイックサンド（quick sand）と呼ばれていて，平素は一見固体のようだが，ちょっとしたショックで急に軟らかく液体のように振る舞う砂の堆積を意味している．これはわずかな外的刺激によって，砂が液状化するひとつの例であるが，地震時のように強大な外力が加わると普通の締まった砂地盤でも広範囲でクイックサンドが発生することになる．この現象は太古の昔から存在していたと考えられるが，昔の人は丘陵地とか平野でも水はけのよいかたい地盤の上に住居を構えていたので，さほど大きな脅威にはならなかった．しかし，時代とともに人間の生活範囲が拡大し，河口，臨海都市が形成された昨今では，事情が一変してきた．大中規模の地震が起こると，液状化により砂地盤上の河川堤防や住宅，そして産業施設や交通インフラ施設が被害を受け，人間生活に大きな支障をもたらすようになった．このことが社会問題として工学関係者に認識されたのは，終戦直後に起こった1948（昭和23）年の福井地震であった．その後，わが国も復興期に入ったが，その出鼻をくじかれたような災害が，1964（昭和39）年の新潟地震のときの壊滅的被害であった．これ以来，地震時の液状化については過去半世紀にわたり，内外の多数の専門家によって多くの調査・研究が行われ，そのメカニズムが究明されてきた．その対策についても各種の工法が開発され実務的にもその効果が実証されるようになってきている．

新潟地震から30年ぐらいの間は，「流動化」とか「液状化」という用語が不統一に使われていたが，それ以降はもっぱら「液状化」といういい方が専門技術用語として定着してきた．2011（平成23）年3月11日の東北地方太平洋沖地震では，液状化が広い地域で甚大な被害をもたらした．1万棟に近い一般住宅家屋が被災し，不幸にも多くの人々が生活の支障をきたし，この現象が衆目を集めることになった．そして液状化という言葉も専門用語から普通名詞として人口に膾炙するようになった．

このような状況のもとで，一般の方々にもその内容をよく理解していただくこと，また将来の選択を模索している若い人々の手助けにもなるであろうことも念頭に置いて，液状化についてわかりやすく解説したのが本書である．

液状化現象の発生原因となる砂特有の基本的性質，そしてその誘因としての地震動や地下での水の動きの特性について平易にわかりやすく解説するように心がけた．液状化の諸課題は，(1) 発生の有無，(2) その結果として生じる地盤沈下と側方流動，(3) それに伴う構造物やライフライン施設の損傷，そして (4) その悪影響を防ぐための対策工法，の4つに分けるのが妥当と考え，その順序に沿って述べてある．また液状化に関係する社会的課題，たとえば環境への影響とか，言い伝えとかはコラムに入れた．本書は地震時の液状化を中心に述べたが，あわせて鉱石のバラ荷を積んだ船舶が大海を航行するとき，波動によって生ずる液状化に起因する災難に出合うことが最近話題になっているので，このことについても簡単に触れた．

本書においては，液状化現象を力学とくに土質力学の原理に基づいて解説するように試み，解説の際にはできるだけ事例に基づき，概念図や現地の写真を載せた．本書が少しでも読者のお役に立てれば，望外の喜びである．

本書の刊行に際し，大東文化大学元講師の三浦基弘氏と，資料作成と整理をしてくださった基礎地盤コンサルタンツ（株）の武田由美子氏のお二方に大変お世話になった．とくに三浦氏には叱咤激励と内容に関する貴重なコメントを数多くいただき，これなくしては，老骨に鞭打ってまでも本書を上梓することはありえなかったと思っている．

筆者は馬齢を重ねてきたが，ここに至るまで地盤工学，とくに液状化に関する諸課題に関与できたのも，若い方々の不断のご協力とお力添えの賜物であったと心から感謝している．東京大学工学部土木工学科での研究では龍岡文夫（東京大学名誉教授），東畑郁生（東京大学名誉教授），國生剛治（中央大学名誉教授），安田 進（東京電機大学教授）の方々，東京理科大学理工学部土木工学科在籍時には塚本良道（東京理科大学教授），そして中央大学研究開発機構では齋藤邦夫教授の方々に大変お世話になった．また，東京大学では吉田喜忠，周郷啓一，その後は稲生一江氏の皆様に20年から50年もの長きにわたってはかりしれないほどのご支援をいただき大変お世話になった．この機会を借りて，衷心よりお礼を申し上げたいと思う．

最後になったが，出版事情が厳しい中，今回の企画に快諾してくださった朝倉書店と編集に尽くしていただいた皆様に深甚なる謝意を表したい．

2017年3月

石 原 研 而

目　　次

4. 液状化の発生に及ぼす諸因子

5. 室内実験による液状化強度の求め方

6. 地盤の状態を調査するための貫入試験

7. 設計で用いる液状化強度の求め方

8.　液状化が発生するか否かの判定

9.　液状化の結果生ずる平坦な地盤の沈下

10.　地表面の変状と側方流動

11.　構造物や盛土の被害

12.　液状化の対策と地盤改良

13.　液状化対策の変遷と発展

14.　その他の液状化現象

1 クイックサンドと古今の液状化

Quick sand and Paleoliquefaction

地震記録がない地域でも，古代の噴砂痕跡が見つかれば，歴史的稀発型大地震の発生周期とその規模を推定することができる．

1.1 静的環境での液状化

砂がゆるい状態で堆積していると，何らかの外的刺激によって突然弱体化し，液体のように振る舞い，それが大量に流れ出す現象は古くから知られていた．ライン川の河口に位置するオランダのゼーランド地域では，1881～1946年の間に，最大300万 m^3 もの砂州の流動が230回近く発生したことが報告されている．これは，河口に堆積した砂州の端部が波による浸食で削られ，局部的に崩れ始めたのが発端となって背後に広がり，広大な砂州が一挙に流動してしまったためと考えられる．また1938年には，米国のモンタナ州にあるフォート・ペックというアースダムで，砂を盛り立てて作った堰堤の幅550 mの部分が突如流動を始め，500 mも流出したことがある[2)]．これらは突発的液状化（spontaneous liquefaction）[3)]と呼ばれている．また海岸近くの敷地で，矢板などを打ち込んで地中に仕切りを作り，一方を掘削していくと，沸騰したように水と砂が噴出してくることがある．これは古くからクイックサンドの名称で知られている．仕切り板の一方で地下水位が高い場合，水位の低い掘削した側に向かって水が流れようとするときに発生する．これも上述の突発的液状化と同じメカニズムで発生すると考えてよい．

1.2 地震時の液状化

外的刺激で最も顕著なのが地震動で，これによる液状化は古くから存在していた．その証拠はいくつかの形跡で見られるが，代表的なものは噴砂が残存している砂脈であろう．地震時の液状化は，地表面下1～10 mの深さで発生することが多く，弱点を突き破って地表面に砂と水が噴き出してくる．表面の痕跡はすぐ消え失せるが，地表のかたい層を通り抜けた跡は，長い年月の間に固まって岩のようになり，また数百年前の地震で生じたものは表面近くの粘土層の中にいろいろな形の砂脈として残存している．これらは遺跡調査などで地面を2～3 m掘削したときに見つかることが少なくない．図1.1に京都府八幡市木津川の旧河床で発見された液状化の砂脈を示す．下部の砂層が液状化し，地表に向けて噴出した跡が鉛直の砂脈として残っているのがわかる．これは1596（慶長元）年に京都・大阪地方で発生した伏見地震（M 7.5）のときの名残りであるとされている．

液状化で生ずる噴砂やその結果残る噴砂口は，火山の噴火口にも似て，古くから多くの人々の驚きであり関心事であったと思われる．1783年，イタリア南部のメッシーナ海峡の近くで発生した地震では，本島側のレッジョ・カラブリアで，大規模な地滑りや液状化による地変が発

図 1.1　下層から表層を破って地表に向かう噴砂の模様
西三荘・八雲東遺跡（大阪府門真市・守口市教育委員会発掘，寒川 旭氏撮影提供）．1596年9月5日に発生した伏見地震の液状化跡．

図 1.2　巨大な噴砂口（Domenico, 1884）

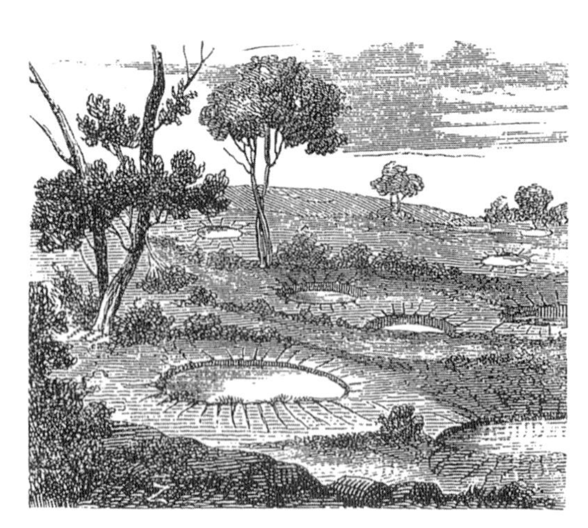

図 1.3　多くの噴砂口（Domenico, 1884）

生した．記憶を後世に残し，地震に関する理解を深めるために教育者・政治家のドメニコ・C・グリオ（Domenico Carbone-Grio, 1839-1905）がこの地震に関する『*Terremoti di Calabria e di Sicilia* カラブリアとシチリアの地震』と題する本を出版した[1]．その中にいくつかのスケッチが載っているが，図 1.2 では直径が 4 m 近くもある巨大な噴砂口のふちに 2 人が立って穴の深さを探っている様子が伺われる．また，巨大な噴砂口が数多く描かれているのが図 1.3 である．図の後方に向かって坂になっているところを見ると，前方の坂下部分で地下水位が上がって液状化しやすい状態であったと想定される．

米国東部などでは，原子力発電所などの重要構造物の立地調査において，10 m 程度の深さまで掘削を行い，液状化の痕跡としての砂脈の調査を行っている．この砂脈の規模や発生年代を推定することにより，地震動の大きさや発生周期を推定する試みがなされている．これらは古代の液状化 paleoliquefaction と呼ばれている．

Column 1 ◆ クイックサンドと液状化

平素は固体の状態であるが，地震など外的な力が加わって環境が変わったりするとき，すばやく液体状に変化する現象を英語でクイック（quick）と呼んでいる．quickはslowの対義語で，「はやい」という意味がよく知られているが，もともと古英語で「生きている」という意．「かたいものが，軟らかくなる」という意味である．同じ用法で，水銀のことをquick silver（一般にはmercuryという），生石灰のことを，quick limeという．また，the quick and the dead（生者と死者）という表現もある．

1978年ノルウェーのオスロから北に400 km離れたリサ（Rissa）という所で，含水比の高い粘土層から成る幅約200 m，長さ500 mの平地で大きな地滑りが起き，多くの住宅が崩壊したことがある．このような粘土はクイッククレイ（quick clay）と呼ばれており，かつて氷河におおわれていたスカンジナビア地方に散在している．地球が温暖であった数十万年前には海水面が高かったため，この時期に海中で堆積した粘土層には塩分が含まれていた．しかし，引き続いて生じた寒冷期には海水面が低下したため，これらの粘土層は陸上に存在するようになり，雨水によって塩分が洗い流された．これを溶脱作用といっているが，粘土層は蜂の巣状の崩壊しやすい堆積構造となって，クイッククレイができあがっていたのである．

同じ意味合いで，砂の液状化のことを，クイックサンド（quick sand）という．流砂の場所の1つに，古くから知られているイギリス北西部の湖水地方にあるモアカム湾（Morecambe Bay）がある．この湾は，流砂と呼ばれる現象が発生することで有名である．広くて浅いこの湾は，干満の入れ替わりが急速な特徴がある．そのため付近で遊んでいると，干潮時に流砂に足が捕らわれ，そのまま満潮となった場合，水面下に取り残される危険性がある．

流砂は川岸や沼地，また海岸の近くで見ることもできる．流砂を引き起こす沼を，俗に底なし沼と呼ぶ．また，湿原にも「やちぼうず」という古くからの呼称で，多数存在している．

2 液状化発生と被害の様相

Triggering of Liquefaction and its Consequence

液状化発生は噴砂・噴水として地表に現れ，地上・地中の構造物はそれ自体が変形破壊することはなく，全体として浮上・沈下または傾斜移動を生ずる．

2.1 工学の対象としての液状化

地震時の液状化は，低湿地や水辺の埋立て地のように地下水が表面下の浅い所に豊富にある場所で発生する．地震動の強さも震度5程度以上で，砂を多く含んだ土が広がっている地域で頻発している．

液状化自体は古代の昔から見られた現象であるが，近世になって人々が利便性と快適性を求めて河川や海岸のウォーターフロントに進出して住み始め，産業活動を始めた頃から，そのリスクが顕在化して社会問題になってきたといえよう．

わが国でこの現象が有識者によって初めて指摘されたのは，終戦直後の1948（昭和23）年に発生した福井地震のときであった．福井平野で生じた広範囲の噴砂・噴水と，それによる九頭竜川流域における河川の堤防，橋梁そして建物の被害は甚大であった．つまり，地震時の動的環境のもとで広範囲にわたって砂質土が液状化して被害の元凶になりうることが体験認識されたのは，この地震が最初であったといえよう．当時は終戦後3年目で社会が疲弊困憊していて，十分な調査・研究を行うことは不可能であったが，東京大学の最上武雄教授は工学的重要課題として取り上げ，簡易な実験を行い，地震時の加速度が液状化発生の主要な因子であることを世界に先駆けて指摘している．

その後1964（昭和39）年6月12日に発生した新潟地震（M 7.4）では信濃川河口周辺に発展した新潟市街地において，広範囲に液状化が生じて各種の公共施設や建物に大きな被害をもたらした．新潟市は物資や人々が集まる商業中心として発展してきた歴史があり，日本海からの海運で栄えた町である．市内には縦横に堀や運河があり，当時の船着場であった白山浦で荷揚げされた物資は小舟で市内に運ばれ，人々の交通手段も平底舟が中心であった．しかし，終戦後自動車交通が発展するとともにこれらの堀や運河は埋め立てられ，市内を走る縦横の道路に転換された．同時に信濃川をまたぐ大型橋梁や大型建物，地下埋設物等のインフラ施設も整備され，近代都市に生まれ変わったのである．そして，それらを記念する国民体育大会が盛大に行われた直後に，大地震に見舞われたのである．真新しい競技場や橋やアパート，ビル等が無残に被害を受けたのは未曾有の経験であり，大きな驚きであった．新潟市は，他の地域と異なって，ほとんどが砂分を中心とする土質から地盤が構成されていたこと，信濃川周辺の市街地は堀や川を埋め立てた造成地であったことが地震によって広範囲に液状化が発生した理由であった．従来の建造物破損中心の被害と異なり，建物の傾斜や沈下などの地盤の脆弱さによる被害の様相は，耐震工学や地震工学に従事する専門家にとっても意外な出来事であった．それ以後多くの研究者や実務家がその研究と成果の実用化に従事し，今では国際的にも新潟地震は液状化研究の出発点とみなされている．

2.2　地割れや噴砂の発生

ウォーターフロント周辺の平坦地の地盤は1～3m掘ると水が出てきて，それより深い位置には一面に地下水が存在し，土は水で飽和されていると考えてよい．この地下水の上面を“地下水面”と呼んでいる．一方，地表面近傍には自然の堆積物の上に人工的に敷き詰めた土があり，粘土や砂や小石，そして時にはレンガやコンクリートの破片等が混ざっているが，ある程度締め固められていて，一般には丈夫な土である．これを“表土”と呼んでいるが，液状化は起こさない非液状化土と考えてよい．

その下には砂や粘土が存在するが，とくにゆる詰めの砂質土があると，地震動により液状化を生じやすい．このとき，砂粒子のかみ合わせがはずされて，粒子は周辺の間隙水の中に放り出されてその中に浮いたような状態になるので，その分だけ間隙の水圧が上昇してくる．これは地下水を上に向かって押し流す方向の力を生み出すが，地表面には丈夫な表土があるので，どこでも水がすぐ一様に流れ出てくるわけではない．しかし，表土のなかには水の通りやすい弱点やクラックがあるので，ここを通って水が地表面に流出してくる．水だけでなくそれと混合された砂や泥も一緒に噴出してくる．この模様を示すスナップ写真が図2.1に示してある．これは1983（昭和58）年に起こった日本海中部地震のとき，秋田市郊外にある学校の校庭でとられた写真で，地下で液状化が生じて地面の振動により，まず亀裂が生じ，次に土砂が噴出

(a)

(b)

(c)

図2.1　日本海中部地震（秋田県山本郡峰浜村塙，松森尚文氏による）
(a)　地震動による地割れの発生（10～20秒後）
(b)　液状化した砂と水の噴出（20～60秒後）
(c)　砂と水の地表への広がりと噴砂口の形成（1～3分後）

(a)

(b)

図 2.2　日本海中部地震
(a)　水田に生じた噴砂
(b)　ミニ噴砂群

し，最後にそれが地面に流れ広がる模様がよくわかる．地面に亀裂ができず，小さな孔を通って砂と水が噴出してくることもある．図 2.2 の写真が代表的な例である．十分に泥水が排出されると噴出圧力がなくなって，小さな陥没の跡が残ることになる．それは火山が噴火した跡で中央に陥没が残るカルデラ現象のミニチュア版ともいえ，独特の形状である．

2.3　液状化による被害の様相

液状化が発生すると地盤は砂と水の混合した液体のようになるので，水の単位体積重量 $1.0\ \mathrm{g/cm^3} = 1.0\ \mathrm{t/m^3}$ より大きくなり，大略，1.8〜$1.9\ \mathrm{t/m^3}$ の単位体積重量をもつ重い液体となる．つまり，水の約 2 倍の重さをもつ流体と同じような挙動を示すことになる．このため，図 2.3 に示すように容器に砂と水を入れ，それに振動を与えて液状化を起こさせ，そこにパチンコ球のように重い物体を置くとこれは沈み，ピンポン玉のような軽い物を入れておくと浮上してくる．また地盤が平坦でなくわずかに傾斜し

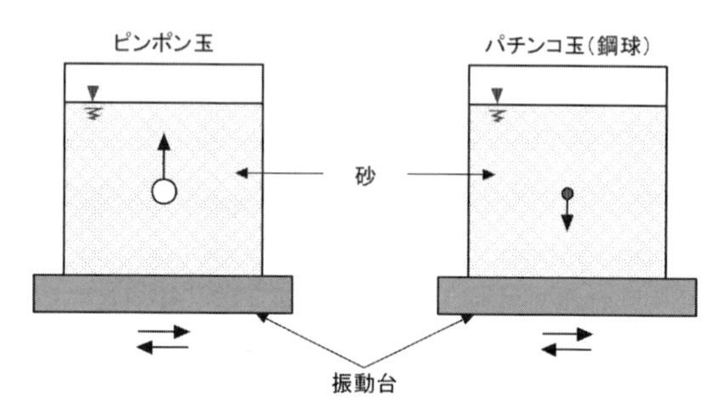

図 2.3　液状化した砂中の物体の浮沈

ていても，低い方へ向かって大きく流れ出す，いわゆる側方流動と呼ばれる現象が現れる．このような地盤上や地中に構造物があると大きく動くことになるが，それは上下方向の変動と横方向の変位の2つに大別される．

a. 沈下および浮上

建物等の地上構造物を支えている地盤が液状化を起こすと，その重みで大きな沈下を起こすことになるが，建物の重心は幾何学上の中心よりずれているのが普通なので，沈下と同時に回転が生じ，建物は傾斜することになる．新潟地震（1964年）の際に生じた被害のパターンを分類して示したのが図2.4であるが，この代表的な例が図2.4(d) に示した新潟市川岸町にあったアパート群の沈下・傾斜による被害である．この被害の様子を写した空中写真が図2.5に示してある．地下水槽や地下通路等は図2.4(a) のように浮上してくる．図2.6は新潟市にあった建築中の病院の浄化槽であるが，軽い部分は浮上し，重い部分は沈下するので，全体として回転している模様がうかがえる．

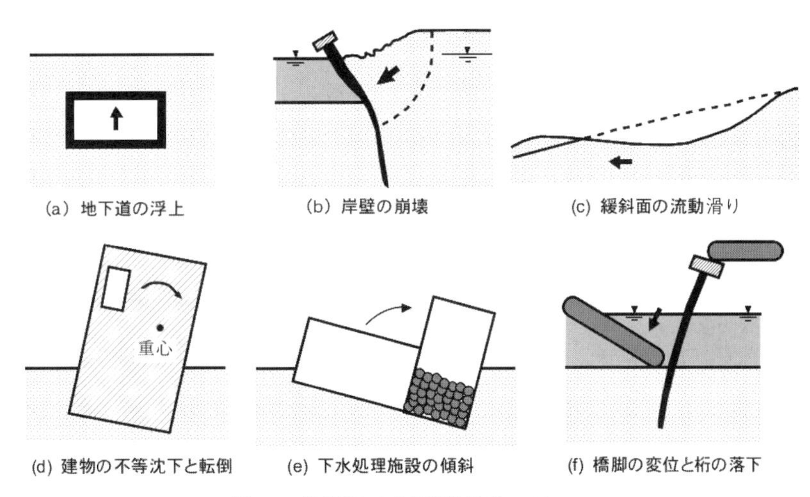

図2.4　液状化による構造物被害のパターン

図2.5　新潟市川岸町におけるアパート群の沈下と傾斜

図 2.6 工事中の建物に付属した浄化槽の沈下と時計まわりの回転

これを模式的に示したのが図 2.4(e) である.

b. 横変位と側方流動

土地が若干でも傾斜していたり，護岸や盛土があったりして地盤に高低差があると，その下の砂地盤で液状化が生じたとき，地盤全体が横方向に動き出してくる．その大きさは水辺で 5～6 m に及ぶこともあるが，この側方流動は陸地の方へ向かって 200 m も伝わってきて，建物や諸施設に大きな被害が及ぶことがある．これに巻き込まれて橋梁や建物を支える杭が曲がったり折れたりすることもある.

図 2.4(b) は港湾内にある岸壁の崩壊を示している．液状化した背後の砂層による横方向圧力が増加し，土留壁体（シートパイル）が大きく横方向に変形している．ほとんど平坦な場所でも，わずかに傾斜していると，図 2.4(c) のように地盤全体が動くことになる．図 2.4(f) は，水中の地盤で液状化が発生し，杭が横方向に動いて橋脚が変形したために桁が落下してしまった橋梁の損傷である.

Column 2 ◆ 蟻地獄のようなクイックサンド

自然界で非常にゆるい状態で砂が堆積しているところに，人間や動物が足を踏み入れるとき，急に沈み込んで抜け出せなくなってしまうことがある．これはクイックサンド（quick sand）と呼ばれ，砂漠で砂が積もった箇所の風下側でも見受けられる．風で飛来した砂は，若干の細粒子を含んでおり，これが静かに落下して積もるときわめてゆる詰めで不安定な構造の状態になる．

アラブがオスマン帝国から独立するときの闘争を描いた映画『アラビアのロレンス』は有名であるが，この中で2人のアラブ少年を率いた将校ロレンスが，シナイ半島を横断するシーンがある．その途中で少年のひとりがクイックサンドに落ち込み，白い紐で引き揚げられようとしてもがいている場面がある（写真）．しかし，少年は力尽きて命を落としてしまうのである．

コラム図　クイックサンドに落ち込んで，もがいている少年兵士（『アラビアのロレンス』より（提供：(株) ユニフォトプレスインターナショナル））

3 液状化発生のメカニズム

Onset Mechanism of Liquefaction

他の工学材料と異なって，土の変形には特有のダイラタンシー則と摩擦則がある．このため，間隙水の流出が阻止される非排水環境のもとで砂質土が液状化を生じることとなる．

我々が日常目にする物体には，空気のような気体，水のような液体，小麦粉やセメントのような粉体，米やとうもろこしや砂のような粒状体，そして岩石，鋼材やコンクリートのような固体等がある．それぞれの物体に対して力学体系が作られているが，これらは19世紀後半から20世紀後半にかけて多くの学者や技術者の努力によるものである．それを適用して現代文明の基盤となる種々の構造物が作られている．たとえば，航空機の設計には空気力学が，船舶やタービンには流体力学が，そして機械や橋梁には材料力学や構造力学が設計に用いられている．これらは物体をマクロな立場から見て作られていて，総称して連続体の力学と呼ばれている．粉体や粒状体を対象とする土質力学もこの部類に属するが，その力学体系には他にない独特の原理原則がある．とくに砂等のように大きく硬い粒子の集合体を考える場合には，以下に述べるような他の力学にはない独特な性質を考慮する必要が出てくる．

この中で土質力学特有の基本的原則といえるのが有効応力の原理であろう．そして第1定理が摩擦則，第2定理がダイラタンシー則といってよい．以下これらについて以下説明することとする．

3.1 有効応力の原理

外力を受けて変形している物体の内部のある点に着目した場合，この点で発生している力の状態は一定である．しかし，力を作用する面積で割った，いわゆる応力というものは，考えて

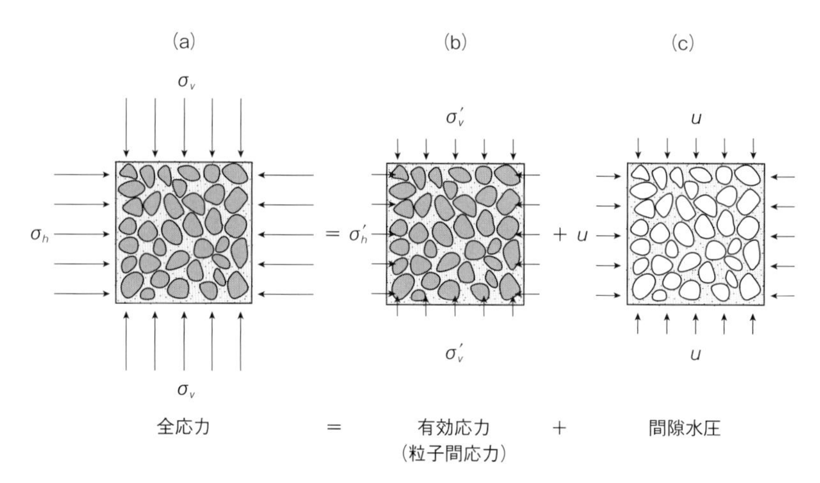

図3.1 全応力，間隙水圧，有効応力の間の関係

いる点を通過する面の方向によってその値が異なってくる．これについては内容がこみ入っているのでここでは述べないこととする．いま，簡単な場合としてこの点の鉛直面と水平面に作用する応力系を示したのが図3.1である．間隙が水で飽和された土を考えると，水平面と鉛直面にそれぞれ作用する全応力 σ_v, σ_h は土粒子の骨格に作用する応力と間隙水に作用する水圧 u の2つに分解できる．ここで応力とはある面に作用する全体の力をその面の面積で割ったものである．この粒子骨格に作用する応力のほうを有効応力 σ'_v, σ'_h と呼んでいるが，その鉛直成分と水平成分は，それぞれ

$$\begin{aligned}\sigma'_v &= \sigma_v - u \\ \sigma'_h &= \sigma_h - u\end{aligned} \tag{3.1}$$

と定義される．水で完全飽和された土を考える場合，その土の変形を支配するのは，全応力 σ_v, σ_h ではなくて有効応力 σ'_v, σ'_h であるというのが，有効応力原理の内容である．言い換えれば，土の変形や強さを支配するのは，粒子間の接点を伝わる粒子間応力（有効応力）であり，この値は全応力から間隙水圧を差し引くことによって式（3.1）によって求められる，ということである．これは考えてみれば当然のように思えるが，土以外の材料を対象とした従来の材料力学体系がすべて全応力に立脚して構築されていることに思いを馳せるとき，有効応力は土質力学特有の基本的に重要な考え方であることがわかるのである．

連続体の力学に関する理論は，まず変形に関する法則と，それを発生させる力についての法則の2つから成り立っている．これらはまず別々に考察していくのが普通である．粒状体の力学では，力に関しては摩擦則そして変形についてはダイラタンシー則が，2つの基本原則となるので，これについて以下で説明することにする．

3.2　力に関する摩擦則

互いに接触している2つの物体を動かしてずらせるときの力の関係を表すのがいわゆるクーロンの摩擦則である．

いま，四角形の物体が図3.2(a) のように床の上に置かれているとする．これを横から押すとき，ブロックを動かすのに必要な力（せん断応力）τ はこれに作用している押さえの力（拘束圧力）σ に比例して増加することはよく知られている．よってこれが動き始めるときには，$\tau=\mu\sigma$ の関係が成り立ち，μ は摩擦係数と呼ばれている．これは床の表面とブロック状の物体の間の表面状態で決まる定数である．ブロックが大きく動き始める以前の小さい変位が発生するときにも，同様な法則が成り立つと考えてよい．つまり，摩擦性物体の変位は，せん断力自体ではなく，せん断応力 τ と拘束圧力 σ の比，

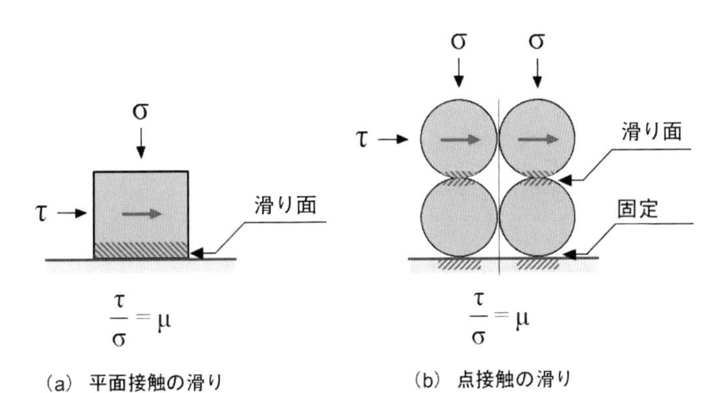

図3.2　滑り面と摩擦則

つまりτ/σが増える際に発生し，この比がμに達したときに大きく滑りが発生するということである．以上の摩擦則は粒状体の力学の根幹をなすものであり，土質力学の第1法則といってもよい．

この摩擦則は図3.1(b) に示すように，粒子と粒子が接触しているときでも同様に成立する．この法則の特徴は物体を動かすのに必要な力は，変形が生ずる面に作用する垂直方向の押さえの力に比例して増大するということである．

この摩擦則を粒子の集合体に適用した場合の別の考え方を説明したのが図3.3である．図3.3(a) に示す圧縮応力，または，拘束応力σは粒状体を四方八方から押さえつけるので粒子は動きにくくなる．つまり，圧縮応力は粒子の集合体を“安定化させる方向”の力となる．よって当然のことながら，拘束圧力が増えると粒状体は動きにくくなり安定化してくる．これに対してせん断応力τは図3.3(b) に示すように粒子の配列をずらして全体の形状を変化させようとする．したがって，このせん断力が増大すると粒状体は最終的に破壊することになる．よって，このせん断応力は粒子の集合体を“不安定化させる方向”の力であるといえる．砂のような粒状体の形状変化（せん断変形と呼ぶ）は，これらの2つの組み合わせ，つまり不安定化させる方向の応力τが安定化させる方向の圧縮応力σに対して，どのくらいの比率で作用するかによって決まる．つまり応力比τ/σによって変形が決まり，この比率が摩擦力がどの程度有効に作用しているのかを示す目安になってくるのである．この法則は，接触する2つの物体が大きく変形して滑り始めるときに着目して，“クーロンの摩擦則”と呼ばれているが，滑り出す以前の小さい変形にも適用できる基本的法則であると考えてよい．

この摩擦則に支配される物体は必ず後述のダイラタンシー特性を示し，この2つの法則が表裏一体を成して粒状体の変形を特徴づけているのである．

3.3 変形に関するダイラタンシー則

一般に，外から物体に加わる力には，体積を収縮（あるいは膨張）させる圧縮力（あるいは伸張力）と，形状を変えるような力，つまりせん断力の2種類がある．空気や水のような流体では圧縮力は圧力と呼ばれ，これのみが重要で，形状は容易に変わるので，せん断力は直接考察の対象とならない．しかし，鉄鋼やコンクリート等の固体では，この2つの力を考察して力学が作られている．図にそれが説明してあるが，最初，図3.4(a) に示すようなVという体積をもつ物体が圧縮応力σによって相似形を保ったままΔVだけ体積が圧縮されると図3.4(b)のようになる．次に形を変えるようなせん断応力τが加わる場合を考えると，図3.4(c) が図

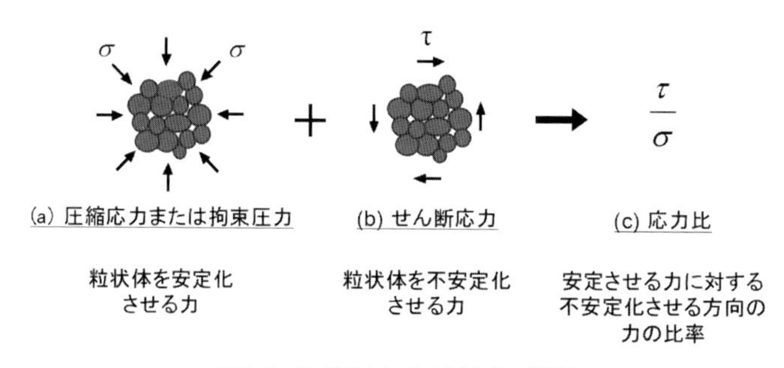

図3.3　拘束圧力とせん断応力の説明

3.4(d) のような菱形に変形するが，このとき体積は不変で形状のみが変化していることに留意する必要がある．

鉄鋼材やコンクリート等の固体を対象にした力学では，σ と τ は体積変化および形状変化（せん断変形）とそれぞれ別々に，独立した関係式で結ばれている．圧縮応力によって体積変化が生じ，形状変化が起こるのはせん断応力自身によると考えている．つまり，せん断応力によって体積変化が生ずることはなく，また圧縮応力によってせん断変形が起こることもないと考えている．

このように，通常の材料ではせん断力が加わって形状変化が生じても体積は一定に保たれ

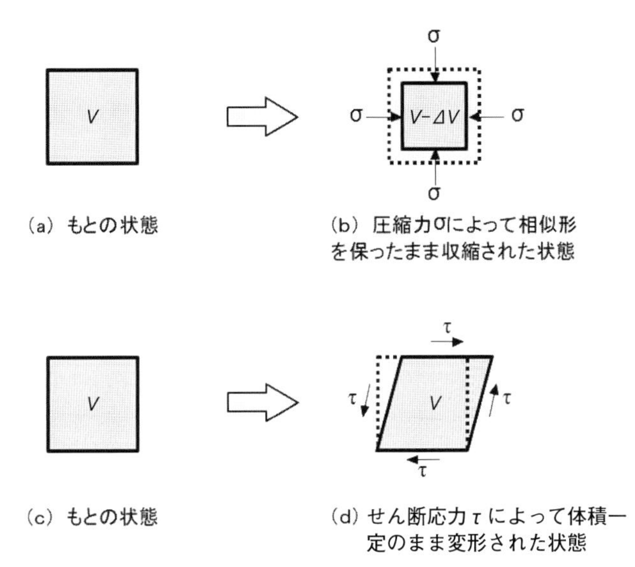

図 3.4　力を加えたときに物体に生ずる 2 種類の変形パターン

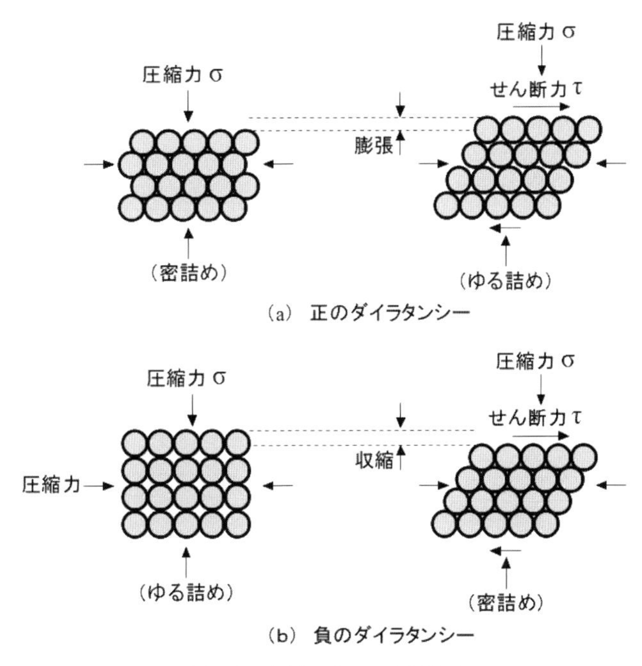

図 3.5　ダイラタンシーの説明図

ると考えてよいが，土のような多くの粒子の集合体ではせん断力によって形状変化のみでなく，大きな体積膨張や収縮が生じるのである．これをもっと具体的に示したのが図3.5である．つまり図3.5(a) のように最初から密詰めの粒状体では，せん断に伴い体積が膨張する．これは下にある粒子が隣の粒子の上に乗り上ってくるような形で全体の形の変化が生ずるためである．これを“正のダイラタンシー”と呼んでいる．逆に，図3.5(b) に示すように，最初からゆる詰めの粒状体は個々の粒子が隣り合う粒子との隙間に落ち込むような形で全体の形状変化つまりせん断変形が起こるので，同時に全体の体積が縮小してくる．これを“負のダイラタンシー”と呼んでいる．いずれにしても，これらは圧縮力ではなく，せん断力による体積の変化であるので，このことが粒状体がもっている鋼材やコンクリート等の固体と大きく異なる特異な性質であり，これが液状化発生の根本的な原因となるのである．

海岸の波打ち際で，波が引いて薄い水膜が表面に残っているとき，足を踏み入れると周囲の砂が乾いてくるのはよく見かける現象である．これは砂が密に締まっており，足を踏み入れたとき生ずるせん断力により周辺の砂が正のダイラタンシーにより膨張し表面の水が内部に吸い込まれるためである．この様子が図3.6に示してある．このダイラタンシー特性はレイノルズ (Raynolds) によって1885年に明らかにされたが，その基本的重要性に鑑み，土質力学における第2法則と呼んでもよいのである．

地震時のような繰り返し荷重のもとでも，同様なことが繰り返し生ずることとなる．乾燥砂は振動が加わったときしだいに締まっていくことは簡単に観察できるが，これは負のダイラタンシーによる現象によるものである．地震時の液状化の根本的原因は粒子の集合体から成る砂がもっているこのダイラタンシー特性に起因するのである．

3.4　体積変化を制御したせん断変形

前節で述べたように，砂のような粒状体ではせん断による形状変化に伴って，同時にダイラタンシーによる体積変化が生ずることになる．このとき，体積変化を制御して，せん断変形を発生させることはできるのであろうか．これは実は可能であり，極端な場合として採用されるのは以下の2つの場合である．その1つは体積変化を自由に許容するせん断であり，もう1つは体積変化を許容せず，体積を一定に保持したまません断することである．以下，ゆる詰めの乾燥砂で負のダイラタンシーが生ずる場合を対象にしたこの2種類のせん断について説明してみることにする．

a.　体積変化を伴うせん断

両側の下端が回転し，壁が平行に動けるようにした容器をせん断箱と呼んでいる．この容器に乾燥砂をゆるく詰め，拘束圧力 σ を図3.7(a)

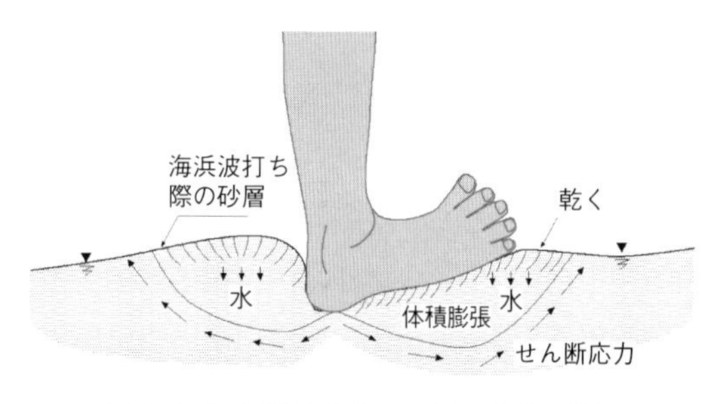

図3.6　波打ち際で生ずるダイラタンシー現象

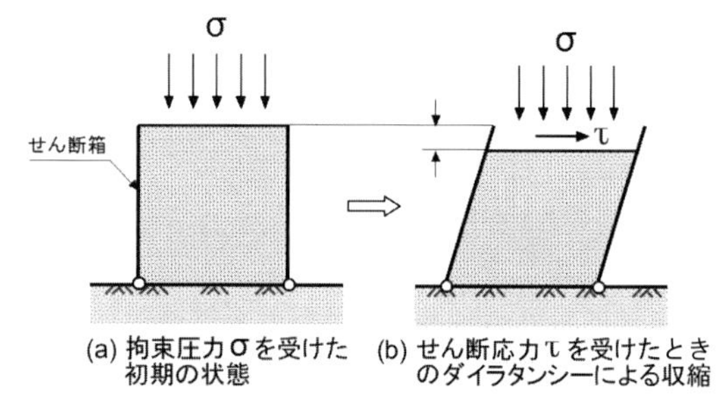

図3.7　乾燥砂の体積収縮を許容した状態でのせん断変形

のように加えておく．次に τ なるせん断応力を加えると，図 3.7(b) に示すように形状変化が生ずる．同時に負のダイラタンシー効果によって体積が収縮してくるので，砂は若干密になってくる．

b.　体積を不変に保持したせん断

せん断箱に入れたゆる詰めの乾燥砂に，図 3.8(a) のように拘束圧力 σ を加えておく．これにせん断応力 τ が加わると図 3.8(b) のように負のダイラタンシー効果で体積が収縮してくるので，体積が一定のせん断とはならない．そこで，最初に加えた拘束圧 σ を $\Delta\sigma$ だけ低減してみると，箱中の砂は多少膨張することになる．

そこで，この膨張量がダイラタンシーによる体積収縮量に等しくなるように調整して σ を低減させると，差し引きゼロとなって全体として体積が一定の形状変化つまりせん断変形が実現できることとなる．以上，2 段階で説明した現象は τ を増やすときに，同時並行して起こるので，実際に観測できるのは，応力比が増大して砂が変形しやすくなる現象である．極端な場合として，当初の σ がゼロになるほど低減すべき拘束圧 $\Delta\sigma$ が大きい場合には，拘束圧が最終的にゼロとなるので，図 3.3 で説明した応力比は無限大となる．このとき個々の粒子の接触が外れて，砂の抵抗力はゼロ，つまり液状化と同等の現象が発生することになる．

ここで注意すべきは，体積膨張に必要な σ の値の低減は，乾燥砂の場合せん断箱を用いた実験で人工的にのみ可能であること，そして体積不変のせん断は自然に堆積した原位置の乾燥砂では生じえないことである．ここで問題になるのは，体積一定のせん断を実現するために必要な σ の低減に伴う砂の体積膨張量である．これは砂の粒状体に図 3.4(b) に示すような圧縮力のみを加えたときの体積変化量を特徴づける弾性的性質に依存している．これは実際に生じた体積収縮 ΔV をもとの体積 V で割った体積ひずみ ε_{ve} と，加えた圧縮力の増加分 $\Delta\sigma$ との関係にほかならず，次式で表される．

$$K=\frac{\Delta\sigma}{\varepsilon_{ve}} \tag{3.2}$$

ここで，$\Delta\sigma$ は圧縮のときに正，ε_{ve} も圧縮のときを正とし，逆に圧力の低減または膨張時を負としていることに注意する必要がある．この式で，ある σ の値を加えたときにどのくらいの体積ひずみが生ずるかを示す定数が K の値で，体積弾性率と呼ばれる．式 (3.2) より，K の値が大きいほど体積収縮や膨張が生じにくい材料であることが知れる．この定数は，土のみならず鋼やコンクリート等すべての建設材料に適用されるので，粒子から成る固有の特性ではないが，重要な材料の変形特性を示す定数である．式 (3.2) の関係は圧縮応力 σ を増やすときだけではなく，圧縮応力を低減させる場

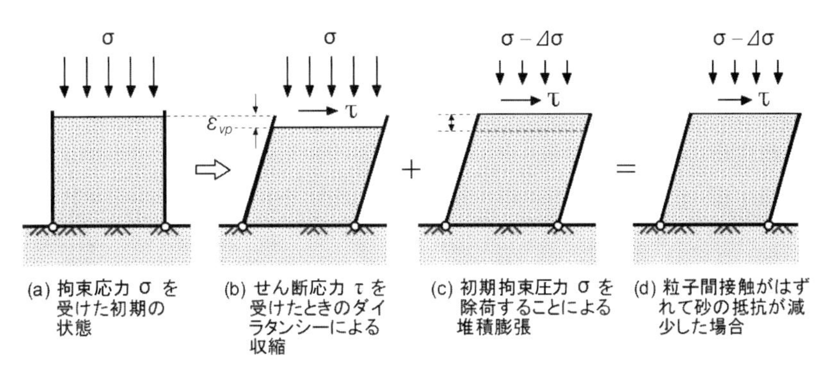

図 3.8　乾燥砂を体積不変のまません断したときに生ずる拘束圧力低減の現象

合にも適用できることに注意する必要がある．つまり前に述べた等体積せん断を行うときの体積膨張量も式(3.2)に従うことになる．よって，τ を加えたときダイラタンシーで収縮した量を ε_{vp} で表し，除荷応力 $\varDelta\sigma$ によって生ずる弾性的体積ひずみ膨張を ε_{ve} で表すと，等体積せん断時には

$$\varepsilon_{vp}+\varepsilon_{ve}=0 \qquad (3.3)$$

が成り立つことになる．これに式（3.2）を代入すると

$$\varepsilon_{vp}=-\frac{\varDelta\sigma}{K} \qquad (3.4)$$

が得られる．したがって，いま，図3.8(b）のようにせん断応力 τ による負のダイラタンシーで ε_{vp} だけ体積収縮が生じたとすると，全体を体積一定に保持するために必要な拘束圧の低減量 $\varDelta\sigma$ は $K\varepsilon_{vp}$ で与えられることになる．よって体積を膨張（レバウンド）させるのに必要な拘束圧の低減量 $\varDelta\sigma$ は体積弾性率 K が大きいほど増えることになる．つまり膨張しにくい土粒子集合体であればあるほど，低減量 $\varDelta\sigma$ は大きくなってくることがわかる．このことは，K の値が大きいほど $\varDelta\sigma$ が大きいので，砂の軟化または液状化が生じやすいことを意味している．

3.5　間隙が水で飽和された土の排水環境

地下水面より深い所にある土や，ウォーターフロント周辺の地盤内の土は，その間隙が水で飽和されている．このような飽和土が外力によってせん断変形をする場合，前節で述べた体積変化を許容するせん断を実現するためには，間隙水が排出されねばならない．このように間隙水の排出を許容しながらせん断を行う場合を“排水せん断”と呼んでいる．逆に間隙水の排出ができない状態でのせん断を“非排水せん断”と呼んでいる．この２つは極端な場合で，間隙水が排出されるか否かの中間にも，多くの排水環境が存在しうる．しかし，これらは定量化が困難なので，土質力学で一般に用いられるのは以上の完全排水か，完全非排水の２つの場合である．排水が許容されるか否かは，排水に必要な時間と荷重が加わっている時間の２つの要素の大小関係で決まる．一般に，荷重が加わる時間が長い場合は排水せん断，短い場合は非排水せん断とみなしてよい．

ところで排水環境というのは，荷重が加わっている時間だけではなく，土の中の水の通りやすさ，つまり透水性とか透水距離にも関係している．たとえば小石や礫では透水性がよいので，間隙水はすぐ排水されるが，粘土やシルト（砂と粘土の中間の粒径をもつ土）では何か月も何年も時間がかかることがある．液状化を生じやすい砂層では，その厚さが5～10 m ある場合排水は可能であっても数十分から数時間はかかる．しかし，地震動で地面が揺れている10～150秒くらいの時間はきわめて短い時間である．よって，地震動による荷重は非排水状態を想定した載荷ということになる．

ところで，水で飽和された砂の変形挙動が排水または非排水の載荷環境に大きく依存するのは，それが前述のダイラタンシーと摩擦則に支配されることに起因している．いま，飽和土の非排水せん断の場合に着目すると，水は圧縮力が加わっても体積はほとんど変わらないから，間隙水の排水を許容しないでせん断を行うということは，全体の体積を一定に保ったままのせん断，つまり前述の等体積せん断が自然に発生することに等しくなるのである．このようなことから，地震時の繰り返し荷重のように，その持続時間が短い場合には排水に必要な時間がほとんどないため，載荷環境は非排水で等体積せん断とみなしてよいのである．

3.6　間隙水圧上昇と液状化のメカニズム

a.　平時の応力状態

軟弱地盤では通常地下水面が1〜2 m の深さにあり，それより深い所に存在する砂層は水で飽和されている．したがって，この砂層には表層土による上載圧が加わっている．そこで以下，平時における地盤内の応力について考えてみることにする．

間隙が水で飽和された，ある深さにある砂層に着目すると，平時この砂層はそれより上部(浅い所）に堆積している土の重み（上載圧と呼ぶ）で押えられて安定している．これは地質的な過去の時代に，流水や風によって運ばれた土砂が沈殿堆積し，長い時間をかけて排水した結果，生成された状態である．あるいは，50〜100 年前に人工的に埋め立てられた地盤でもほぼ同じことがいえる．

このような軟弱地盤内の応力状態を説明したのが図 3.9 である．応力には，静水圧と有効圧力（有効応力）との 2 種類があり，前者を u_{st}，後者を σ_v' で表すこととする．両者を加えたものは全応力といい σ_v で表す．ある深さ z における，これらの応力は，図 3.9 を参照して，次のように求めることができる．

$$
\begin{aligned}
&\sigma_v=\gamma_t H+(z-H)\gamma \\
&u_{st}=\gamma_w(z-H) \\
&\sigma_v'=\sigma_v-u_{st}=\gamma_t H+\gamma'(z-H) \\
&\gamma'=\gamma-\gamma_w
\end{aligned}
\qquad (3.5)
$$

ただし，γ_t：地下水面より上の不飽和土の単位体積重量（kN/m^3），γ：飽和土の単位体積重量（kN/m^3），γ'：土の水中単位体積重量（kN/m^3），γ_w：水の水中単位体積重量（＝10 kN/m^3）．式 (3.5) で $\gamma_t H$ は地表層による圧力である．

一般に地下水面より上部の土は少し軽く，その単位体積重量（単体重量）は γ_t＝16〜19 kN/m^3 程度の値をとる．これに対し，水で飽和された地下水面以下の土は γ＝17〜20 kN/m^3 程度で若干重くなっている．一方，水の単体重量は γ_w＝10 kN/m^3 であるので，$\gamma'=\gamma-\gamma_w$ によって土の水中単体重量 γ' を算定できる．これはアルキメデスの原理に基づくもので，土の固体粒子の体積に等しい水の重さを固体粒子の重さから差し引いたもの，つまり固体粒子の水中重量を全体の体積で除した単位体積重量である．

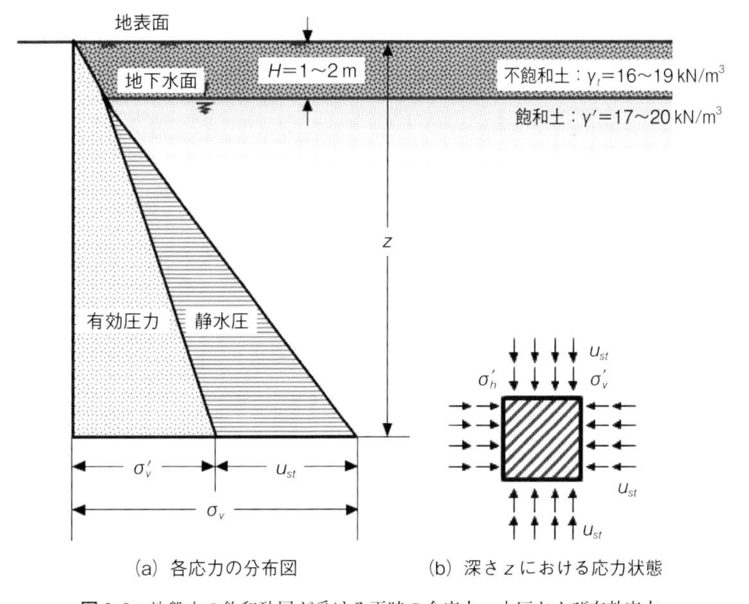

図 3.9　地盤中の飽和砂層が受ける平時の全応力，水圧および有効応力

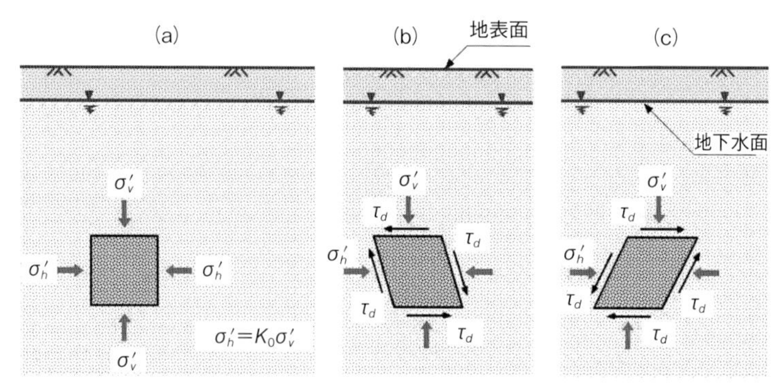

図 3.10　地盤中の砂の微小要素が受ける平時および地震時の応力

これに基づき，式 (3.5) を適用すると，深さ z における全応力 σ_v，静水圧 u_{st}，そして有効応力 σ'_v の値を容易に算定することができる．

これら各応力の深さ方向の分布を示すと，図 3.9(a) のようになる．また，深さ z にある土の微小要素に加わる応力状態を示したのが図 3.9(b) である．ここでは鉛直方向の有効応力 σ'_v に対して，水平方向の有効応力は σ'_h と区別して示してある．

これらの応力の中で，静水圧は土粒子を四方八方から圧縮している圧力であるため，粒子間の接触点で伝えられる粒子間応力とは異質のものである．土の変形に関与する力は粒子間接点応力であり，これが上記の有効応力の物理的意味である．土質力学の中で最も重要な原理原則は，全応力ではなく，この有効応力が変形や強度を支配するということである．しかし，この有効応力は直接測定できないので，測定可能な全応力 σ_v と水圧 u を計測し，その差をとって，式(3.1)により有効応力を算定する必要がある．

地震時の液状化を考察する上でも，この有効応力のみが砂層に加わる平時の拘束圧として重要な役割を果たしている．よって，図 3.9(a) に示した静水圧の部分は度外視し，以下の考察から除外することにする．

b.　地震時の応力状態

地震波は大別して，上下動を生ずる縦波と水平動を誘起する横波の 2 種類があることはよく知られている．縦波はその強さが横波に比べて若干小さいことと，伝播中に土層内に大きなせん断変形を誘起しないこと等の理由により，地盤の液状化には関与しないと考えてよい．

横波の伝播によって，地盤内の土の要素には図 3.10(b)，(c) に示すように，水平方向のせん断応力 τ_d が左右交互に繰り返し加わることになる．一般に地震動は 10～100 秒ぐらい継続するが，この時間は，発生する過剰間隙水圧の逸散に必要な時間に比べてきわめて短い．よって，地震動による繰り返し応力 τ_d は排水を許容しない非排水状態で土の要素に加わることになる．

c.　非排水せん断による間隙水圧の上昇

3.4 節では乾燥砂を対象にした等体積せん断について説明したが，間隙が水で飽和された砂層の内部でも同様なことが起こっている．

いま，砂層がゆる詰め状態であり，地震によるせん断力が水平方向に一方向だけ加わる状態を考えてみる．このとき上述の負のダイラタンシー効果により土の骨格構造はその体積を収縮しようとする．しかし，砂の粒子骨格の中には水が充満しており水は非圧縮とみなしてよいので，間隙水が排出されない限り体積変化は生じえない．よって，体積が不変のまま，つまり非排水の状態でせん断変形が起こることになる．このとき，飽和砂層で何が起こっているかというと，ダイラタンシーによる砂層骨格の体積収縮量に等しい骨格構造の膨張が生じているのである．この骨格膨張はどのようにして実現されるのであろうか．これは，3.4 節 b で触れたように，平時に加わっている有効上載圧の低減によって砂粒子の骨格構造が体積膨張することによって達成されるのである．この 2 つの作用，つまり負のダイラタンシーによるせん断時の体積収縮と同じ大きさをもつ有効上載圧の低減による骨格構造の膨張が同時に土中で発生することにより，両者が相殺されて体積不変の非排水せん断が実現されると考えればよいのである．

ところで，図 3.7 のような乾燥砂では，初期拘束圧を低減すればよいと述べたが，外部から人工的にこれを実現するのは原位置の地盤内では不可能である．したがって，この際減少した上載圧分は何かに乗り移って，それが肩代わりして支えねばならないが，それは何であろうか．これは実は間隙にある水なのである．つまり，減った分の有効上載圧が自然に間隙水に乗り移ってくるのである．つまり，水が肩代わりして減った分の骨格の圧力を支えてくれているのである．その結果，これは当然間隙水圧の上昇となって現れる．そして，同時に有効上載圧は同じ量だけ減ってくるのである．ここで，砂層は粒子構造と間隙水から成っているが，この水はほとんど圧縮しないので，全体として体積が一定に保たれ，等体積せん断が可能になっていることに留意する必要がある．このとき発生する間隙水圧は，上述の静水圧と区別するためとくに“過剰間隙水圧 u_s”と呼ぶことにする．上述のごとく間隙水圧が上昇した分だけもともと加わっていた有効上昇圧 σ_v' が減るわけだが，一方せん断応力 τ_d は加えた値を保持していて不変なので，σ_v' が低減することにより応力比 τ_d/σ_v' は増加することになる．よって，3.2 節で述べた摩擦則により砂の粒子構造は弱体化し，不安定化が助長されて壊れやすくなる．別の見方をすると，砂粒子を四方八方から締め付ける役を果たす圧縮応力（拘束応力）が減ることになるので，その分だけ砂粒子のかみ合わせに寄与する拘束圧が減り，砂粒子同士が分離しやすくなるのである．つまり，応力比 τ_d/σ_v' が増加するので，前述の摩擦則により変形が大きく増大することとなる．

d.　液状化発生のメカニズム

以上は一方向にのみ，せん断が非排水の状態で加わったとき，つまり等体積せん断の場合の水圧上昇のメカニズムを説明したのであるが，地震時のように左右にせん断力が繰り返し加わった場合でも，同様の現象が何度も繰り返して発生する．

そして前述の非排水せん断が左右に繰り返されると，そのたびに間隙水圧が徐々に上昇してくる．そして最終的に，これが最初から存在していた有効上載圧に等しい状態が現出する．このとき有効拘束圧はゼロとなるので，粒子同士のかみ合わせがはずされて接点力はゼロとなる．そして，砂粒子は自由に動けるようになり，周囲に充満している水の中に放り出されて懸濁浮遊した状態となる．これが砂の“液状化”と呼ばれる現象である．

3.7　液状化に及ぼす側方拘束条件の影響

3.3 節では液状化発生の基本となる粒状体独特の変形メカニズムについて図 3.7, 3.8 を用いて説明してきた．そこでは，模式的にせん断箱に詰めた砂のせん断変形を考察したが，この箱の側面は鋼板で，しかもせん断変形中，2 枚の側板の間隔は不変であると仮定していた．こ

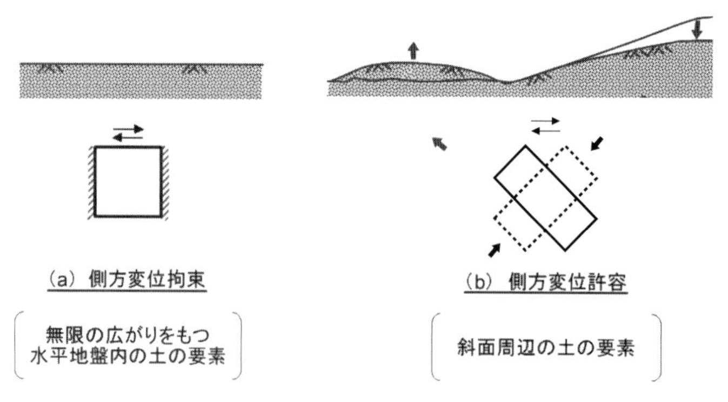

図 3.11　地震時の繰り返し載荷中における側方変位の拘束と許容の状況

れは地震時の繰り返しせん断を受ける地盤内の土の要素の変形パターンを模したものである．液状化を考える地盤は，水平な地表面下にあり，しかも横方向に無限の広がりを有すると仮定している．したがって，土の要素は，地震時のせん断応力によって形状変化はするけれども，両側の面の距離は一定に保持されていると考えてよい．つまり，図 3.11(a) に示すように，横方向の変位を拘束された条件のもとで，せん断変位が左右に繰り返して生じているのである．

ところが，傾斜した地盤内とか，建物や盛土の近傍にある土の要素は図 3.11(b) に示すように，高低差があるため周辺の土全体が一方向に動きうる．よって，地震動を受けたときには，土の要素の側面が膨らんだり，収縮したりする条件のもとで，繰り返しせん断変形をすることになる．このように側方変位を許容した繰り返しせん断を受けるときの間隙水圧の上昇や変形の模様は，側方変位拘束の条件下での挙動と本質的に異なっているので，以下でもう少し詳しく説明してみることとする．

a.　横方向変位を拘束した非排水せん断

この種のせん断は，図 3.11(a) に示した水平地盤内の砂層の液状化を模した変形である．これをもっと詳しく説明するために図 3.12(a) のようなせん断箱に，水で飽和した砂をゆる詰めに入れた状態を考えてみる．そして，最初に上から有効応力 $\sigma'_v=100\ \mathrm{kN/m^2}$ を加えておくとする．このとき側方の鋼板からも水平方向の有効応力 σ'_h が自動的に発生するが，この値は通常鉛直応力の約半分程度になるので，$\sigma'_h=50\ \mathrm{kN/m^2}$ であるとしておく．この水平方向と鉛直方向の有効応力の比は“静止土圧係数” K_0 と呼ばれ，次式で定義される．

$$K_0=\frac{\sigma'_h}{\sigma'_v} \qquad (3.6)$$

よって，この値は，いま $K_0=\sigma'_h/\sigma'_v=0.5$ となっているとする．この初期に加えた応力は，すべて砂粒子の骨格に加わる有効応力である．砂の間隙には水が存在するが，これには最初圧力が加わっていないとしているので，図 3.12(a) に示すように過剰間隙水圧は最初 $u_s=0$ としている．

次にせん断箱に水密なシートをかぶせるなどして水の出入りを遮断する．そしてある程度のせん断を加えてやると図 3.12(b) に示すように変形が生じる．このとき液状化には至っていないが，粒子の接触がゆるんだり部分的に外れたりするので，粒子間を伝わる鉛直方向有効応力が最初の $\sigma'_v=100\ \mathrm{kN/m^2}$ から $50\ \mathrm{kN/m^2}$ へと半減すると想定してみる．よって，この差の $50\ \mathrm{kN/m^2}$ は間隙水に乗り移るので，過剰間隙水圧は 0 から $u_s=50\ \mathrm{kN/m^2}$ へと上昇する．このとき当然側方の間隙水圧も同じく $u_s=50\ \mathrm{kN/m^2}$ となるが，側方は剛体壁で支えら

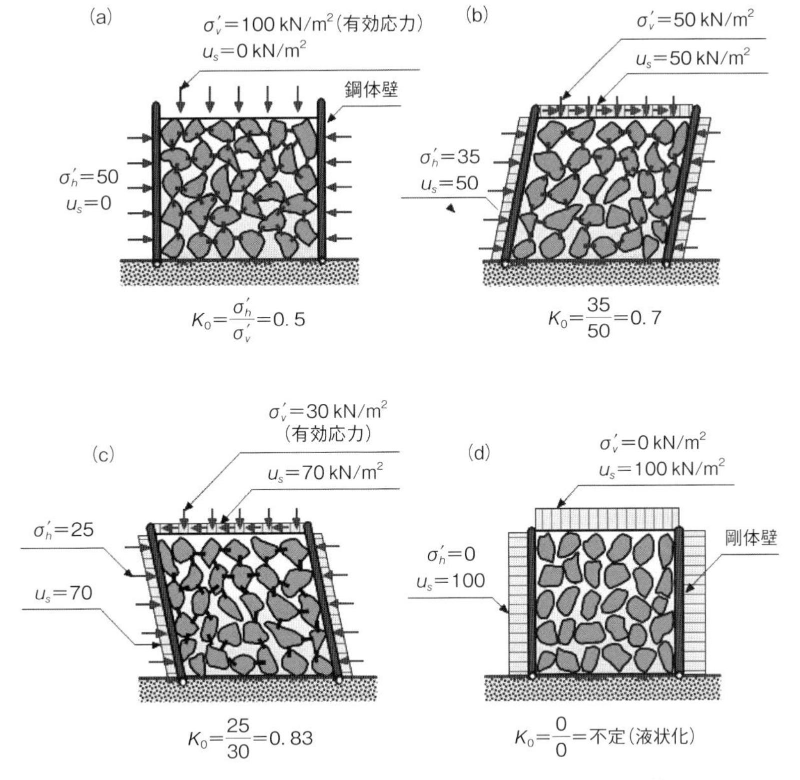

図 3.12 側方の変位を許容しない等体積せん断（$K_0=0.5$ の場合）

れているから最初の 50 kN/m^2 から側方有効応力は若干減少し，$\sigma'_h=35$ kN/m^2 になったとする．よって，このとき $K_0=0.7$ となっている．次に，せん断応力の作用する方向を逆転して図 3.12(c) のような状態になったとする．このとき，さらに粒子接触がはずされて，$\sigma'_v=30$ kN/m^2 になったとすると，間隙水圧は $u_s=70$ kN/m^2 だけ発生することになる．側方からの水圧も同じく $u_s=70$ kN/m^2 であるが，σ'_h は減少して 25 kN/m^2 になったとすると $K_0=25/30=0.83$ となる．最後にせん断応力をゼロにして，もとの状態に戻して液状化が発生したとすると，図 3.12(d) に示すように，粒子間の接触が外され，砂粒が水の中に浮いた状態となる．このとき，粒子間の接触力はゼロとなるので，初期の鉛直方向有効応力 σ'_v はゼロとなり，すべての力を間隙水が受け持つこととなり，$u_s=100$ kN/m^2，$\sigma'_v=0$ となってくる．そして，全体が液体状になっているので側方の水圧は $u_s=100$ kN/m^2，側方有効応力は $\sigma'_h=0$ となっているはずである．また，$K_0=0/0$ で不定ということになる．そして，砂と水の混合物は液状化しているので，せん断に対する抵抗力もゼロになってしまう．ここで注目すべきは，側方の全応力が最初の 50 kN から 100 kN へと増加していることである．これは側方の変位が拘束されるために起こる現象で，液状化が生じると水圧は鉛直も水平も同じとなり，$K_0=0/0$ の値はほぼ 1.0 と考えてよいであろう．

次に，最初に加わる有効応力が鉛直と水平方向とで同じ場合を考えてみる．つまり $\sigma'_v=\sigma'_h=100$ kN/m^2，$K_0=\sigma'_h/\sigma'_v=1.0$ のときの，せん断の進行に伴う諸応力の変化を考えてみると，それは図 3.13 のようになる．この場合，初期の有効応力が過剰間隙水圧上昇に移行していくプロセスは，鉛直方向と水平方向ともに同様に

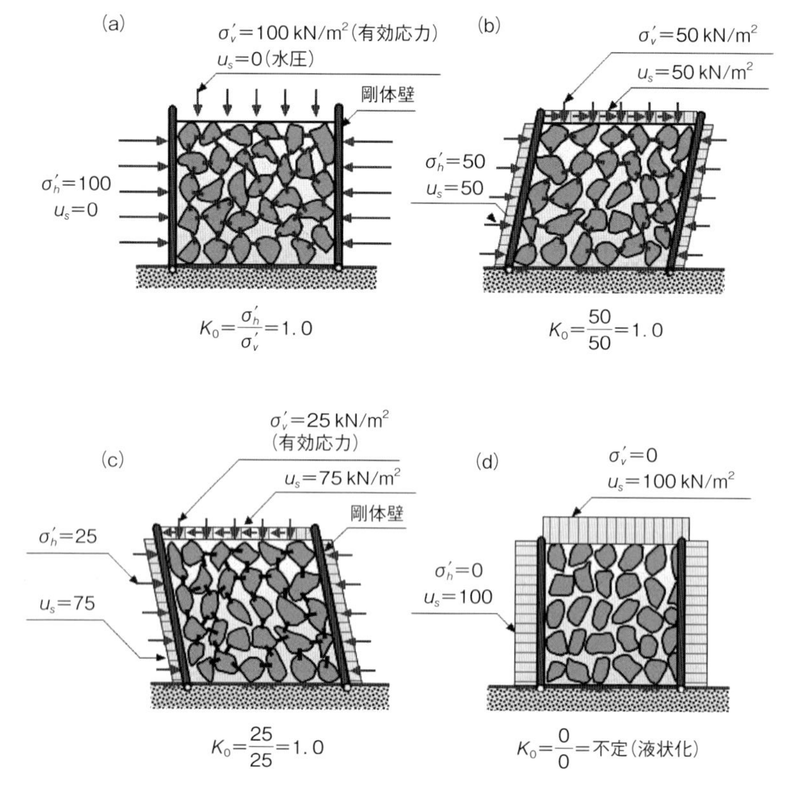

図 3.13　側方の変位を許容しない等体積せん断（$K_0=1.0$ の場合）

起こることになる．よって，K_0 値は常に 1.0 の値を保ちながら，液状化に向かって図 3.13(b) から (c) の状態を経て最終的にせん断応力がゼロになったとき，図 3.13(d) の状態となり，液状化が発生することとなる．

b.　横方向変位を許容した非排水せん断

この種のせん断は，図 3.11(b) に示した斜面内部とか建物周辺の土要素のように，平時の静的状態でせん断応力を排水状態で受けており，それに加えて地震時の繰り返しせん断を受ける状態を再現した実験であると考えてよい．今度は，横方向への変位が発生しうることを考慮して，剛体壁のせん断箱ではなく，単に砂を四角形のシートの袋に詰め，側方変位を許容できる状態にしてせん断を加えた場合を考察してみる．このとき，鉛直も水平も全応力は終始 $\sigma_v=100$，$\sigma_h=50\ \mathrm{kN/m^2}$ に保持していくことにする．まず，図 3.14(a) に示すように，最初鉛直応力 $\sigma_v'=100\ \mathrm{kN/m^2}$ と水平応力 $\sigma_h'=50\ \mathrm{kN/m^2}$ を加えておく．このとき $K_0=0.5$ であり，このような初期の状態を異方圧密状態と呼んでいる．ある程度のせん断力を右方向に加えた状態が図 3.14(b) に示してあるが，間隙水圧が $u_s=20\ \mathrm{kN/m^2}$ だけ上昇したと想定しているので，有効応力は鉛直方向で $\sigma_v'=100-20=80\ \mathrm{kN/m^2}$，水平方向で $\sigma_h'=50-20=30\ \mathrm{kN/m^2}$ となっている．よって，$K_0=\sigma_h'/\sigma_v'=30/80=0.375$ となって，K_0 値も最初の 0.5 から低下してくる．

ここで，側方変位が許容されていることに着目する必要があるが，このため，図 3.14(b) に示すように，砂の試料は全体として上下方向に縮み，水平方向に伸びるような変形をすることになる．次にせん断応力の向きを変えて間隙水圧が $u_s=30\ \mathrm{kN/m^2}$ まで上昇するとしよ

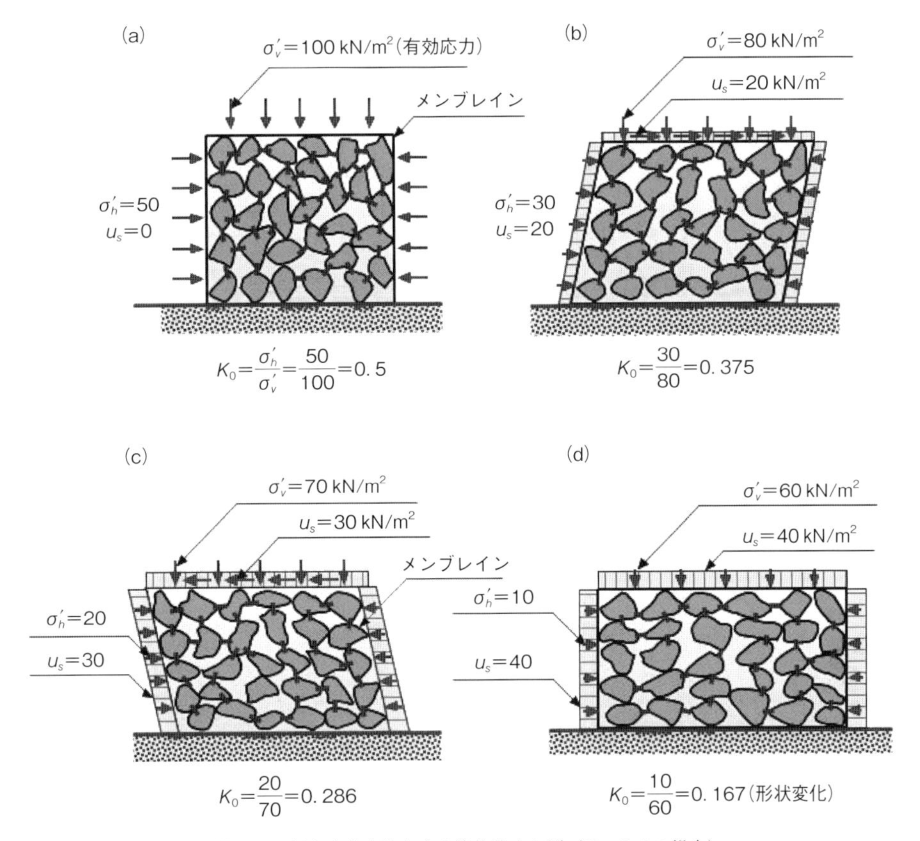

図 3.14　側方変位を許容する等体積せん断（K_0＝0.5 の場合）

う．このときは $\sigma_h'/\sigma_v'=20/70\cong0.286$ となっている．ところで，この比率を内部摩擦角 φ に換算するには以下の式（3.7）を用いればよい．

$$\sin\varphi=\frac{\sigma_v'-\sigma_h'}{\sigma_v'+\sigma_h'} \tag{3.7}$$

$\sigma_h'/\sigma_v'=0.286$ を上式に代入すると，$\sin\varphi=0.555$，$\varphi=33.7°$ という値が得られる．ゆるい砂の内部摩擦角は $\varphi=30\sim35°$ 程度なので，図 3.14(c) のように応力比 σ_h'/σ_v' が 0.286 まで低下したときには，砂が大きく水平方向に伸び，鉛直方向に短縮した形で破壊の状態にまで変形してしまったことを示している．ただし，この状態でも有効応力は σ_v' も σ_h' もゼロになっていないし，間隙水圧も完全に上昇しきっているわけではない．よって，このタイプの破壊は液状化ではなく，形状が大きく変わって生ずる通常の“せん断型破壊”に他ならないのである．図 3.14(d) はせん断応力をゼロにしてもとの状態に戻したときの状態を示しているが，有効応力は残留していて厳密な意味で液状化したとはいえない．これは，側方変位を許容しているために発生するものであり，側方変位が拘束された状態で間隙水圧が上昇して著しく軟化する図 3.12 や図 3.13 に示す液状化型の現象とは異なるものであることを認識しておく必要がある．しかし，実際問題では，土が大きく変形して破壊しているので，液状化による崩壊というふうに一括して呼ばれている．

次に，側方変位は許すが初期の鉛直と水平の有効応力が等しい場合について考察してみる．これは等方圧密された状態と呼ばれている．図 3.15(a) に示すように，当初は間隙水圧がゼロで，外からの応力はすべて有効応力として粒子骨格に加わっているとする．少し横方向のせん断応力を加えて変形したときの状態が図 3.15(b) に示してある．このとき間隙水圧が u_s＝

50 kN/m^2 だけ発生していると仮定すると，鉛直・水平ともに有効応力は 50 kN/m^2 にとどまっている．このとき，メンブレインで砂を包み側方の拘束はないとしているので，砂の要素は横方向に伸びるような変形をしてもよいように思われるが，実際にはそうならない．なぜかというと砂の間隙は水で飽和されており，砂と水はシートで包まれていて非排水という条件下でのせん断であるから，体積は不変でなくてはならない．よって横方向に伸びれば，必ず鉛直方向に同じ量だけ縮まなければならない．ところがこの段階で作用している有効応力は鉛直方向も横方向も同じであるから，どちらの方向にも変位は生じないのである．

さらにせん断力を繰り返し加えて最終的に，間隙水圧が 100 kN/m^2 に達し，有効拘束圧がゼロになった状態を示したのが，図 3.15(d) である．このとき，粒子間の接点力はゼロとなり，砂粒子はそれぞればらばらになり，水の中に浮遊した状態が現れる．これは，液状化状態の現れである．この種のせん断は図 3.13 に示した水平方向拘束で等方圧密（$\sigma_v'=\sigma_h'$）のときのせん断と内容的には同一のものなのである．そして，5.2 節で詳述するように，図 3.15 のタイプの試験は繰り返し三軸せん断試験とも内容的に同一のものなのである．

3.8　室内実験で再現すべき初期応力と側方拘束条件について

以上，側方拘束がある場合とない場合について，それぞれ初期応力の条件が $K_0=0.5$ と 1.0 の 4 つのケースを対象にして，定性的考察を試

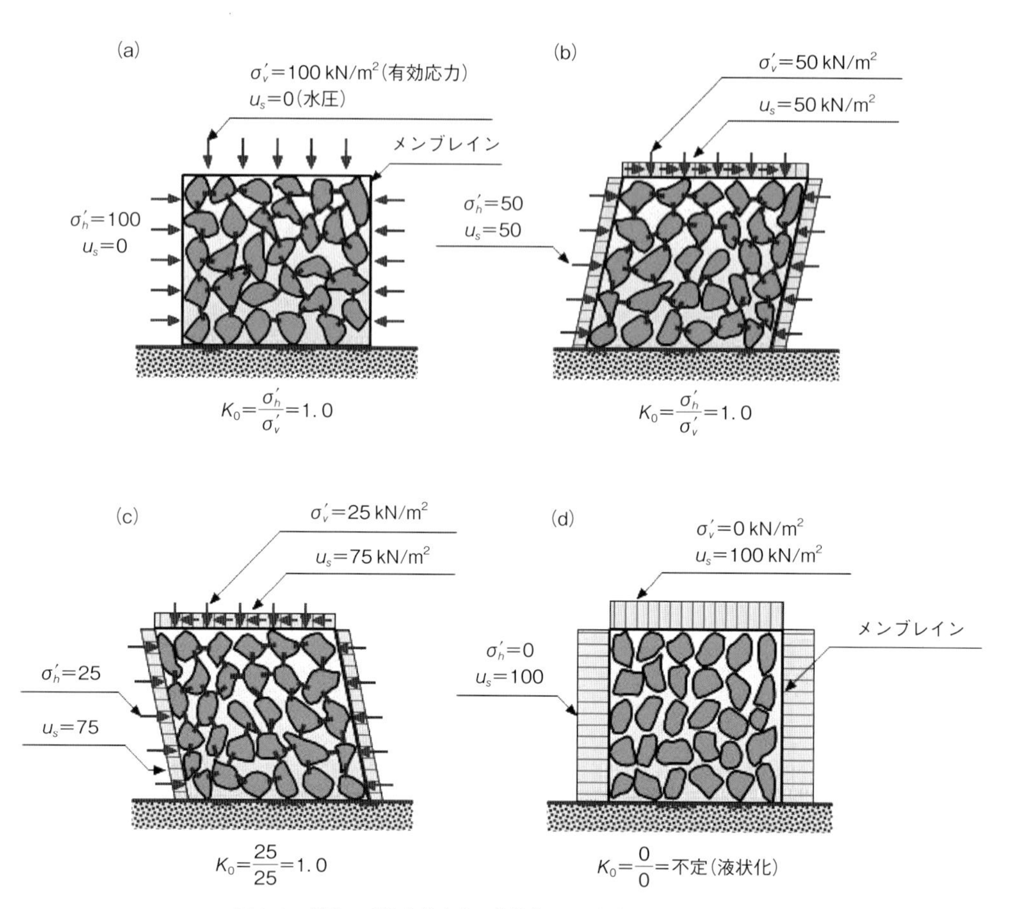

図 3.15　側方の変位を許容する等体積せん断（$K_0=1.0$ の場合）

みてきた．そこで，次に原位置での地盤の代表的な状態が図 3.10(a) に示すような初期応力状態であると仮定し，これを再現できる室内の要素実験はどのようなタイプの試験であるのかを考えてみる．

a. 水平地盤内の応力を再現した試験

これはいうまでもなく，側方拘束の条件で $K_0=0.5$ の初期応力からスタートする繰り返し応力載荷試験が最も適している．しかし，実際に実験を行うことになると，側方拘束で試料の上面に横方向の繰り返しせん断を加える図 3.12 と図 3.13 に示すタイプの試験は，装置が複雑で操作も面倒なので，実用上ほとんど用いられない．研究目的または実務上でもよく用いられるのは図 3.15 に示したタイプの試験で，これはいわゆる繰り返し三軸試験に他ならない．この装置を用いた場合，供試体は $K_0=0.5$ ではなく $K_0=1.0$ にならざるをえないが，試験結果に補正係数を乗ずることにより，原位置の状態をシミュレートした $K_0=0.5$ の場合と同等の液状化強度を求めることができる．

b. 傾斜地盤内の応力を再現した試験

図 3.11(b) に示すような傾斜地盤内の応力状態を再現できる実験は，理想的には単純せん断試験装置を用いることが望ましい．しかし，このような装置は作製と操作が複雑であるため，代替えとして繰り返し三軸試験装置を用いることが多い．この場合，まず，図 3.14(a) に示す $K_0=0.5$ の初期応力状態からスタートして，今度は水平ではなく上下方向の繰り返し応力を三軸装置に加えて実験を行うのである．その結果に応力の変換を施して，繰り返し強度を求めるのが普通である．なお，この場合は前述のごとく精確な意味での液状化現象を生じないが，繰り返しせん断によって間隙水圧がある程度上昇し，砂が著しく軟化して大きな形状変化を生ずるようなタイプの破壊が生ずる．実用上はこのタイプの破壊も，液状化現象の範疇に含めて議論することが多い．

4 液状化の発生に及ぼす諸因子

Factors Affecting Occurrence of Liquefaction

砂質土の粒径，それに含まれる細粒土の粘着性，そして原位置での締まり具合等が，液状化発生の難易を決める大きな要因となる．

4.1 砂の締まり具合

液状化発生に最も大きく影響するのは，砂の堆積がゆる詰めか密詰めかを示す密度である．密度が小さくなるほど，負のダイラタンシーが大きくなり，せん断時の体積収縮量は増加する．すると乾燥砂を対象にして図3.8で示したように，体積を不変に保つせん断を行うために，より大きく拘束圧を低減する必要性が生じてくる．そのため残りの拘束圧はより少なくなり，砂粒子の集合体は崩れやすくなる．水で飽和された砂層でもメカニズムは同様で，負のダイラタンシーによる体積収縮に等しい量だけ骨格構造が膨張する必要があるが，それを達成するための拘束圧の減少量は砂がゆる詰めであればあるほど大きくなる．そしてこの減少分は間隙水に乗り移るので，間隙水圧はより大きく増大し，液状化は生じやすくなる．

密度の大きさはいろいろな方法で表現されるが，土質力学でよく用いられるのは，土粒子自身の体積 V_s に対して間隙の体積 V_v の占める割合を示す“間隙比” e である．よって，これは図4.1を参照して $e=V_v/V_s$ と定義される．わが国では，標準的な砂として，山口県の日本海側の砂丘で採取される豊浦砂がある．この砂では間隙比がおおよそ0.75以上になるとゆる詰めで，液状化は生じやすいと考えてよい．

一方，原位置の砂質土は，粒子の形状や異なる大きさの粒子の含まれる割合等によって，同じ間隙比 e であっても，ダイラタンシー特性は異なり，したがって液状化に対する抵抗力は異なってくる．そこで，いろいろな砂を包含してその詰まり具合をより合理的に表す指数として，相対密度 D_r が用いられる．砂というのは，これ以上ゆるい状態で存在しないであろう最もゆるい詰まり具合がある．この状態を最大の間隙比 e_{max} で表すことにする．同様に，これ以

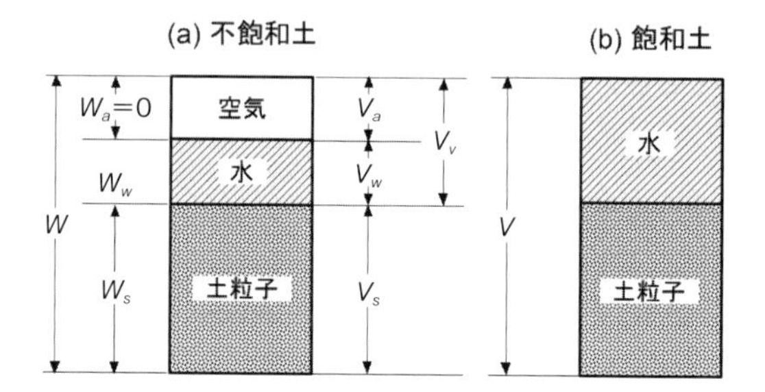

図4.1　基本的パラメータの定義

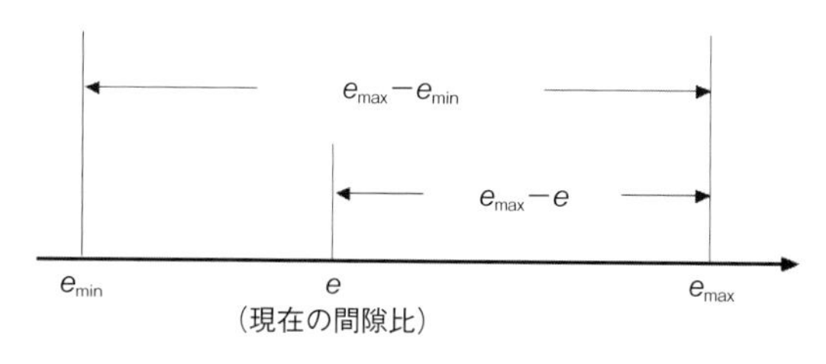

図4.2　相対密度の定義と説明

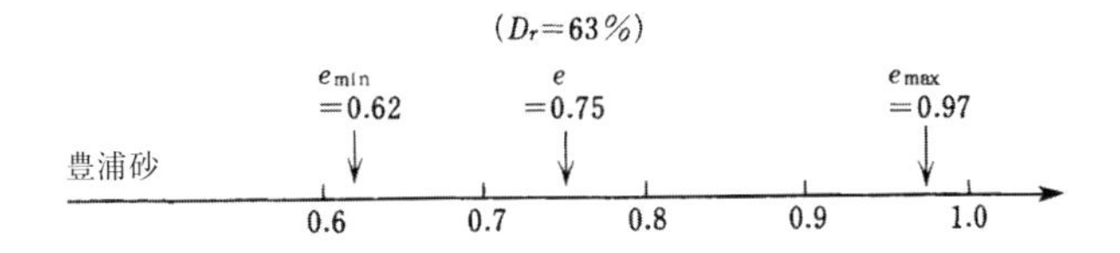

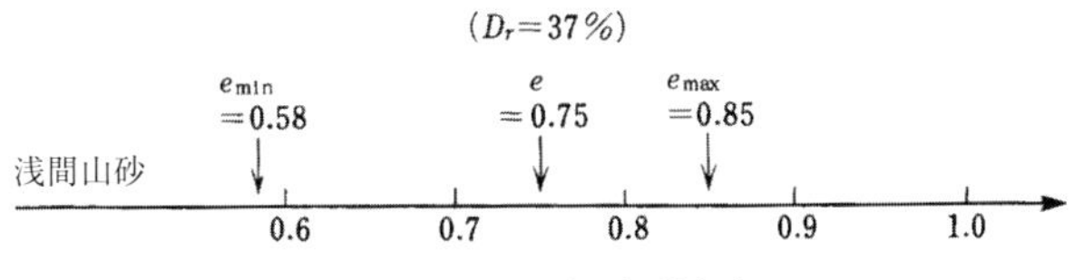

図 4.3 異なる砂の相対密度

上密に詰まらない最小の間隙比を $e_{\min}$ で表すことにする．これらを用いることにより相対密度は，

$$D_r=\frac{e_{\max}-e}{e_{\max}-e_{\min}}\times 100\ (\%) \tag{4.1}$$

で表される．これを図示したのが図 4.2 であるが，要するに，地球上で存在しうる間隙比の範囲 $e_{\max}-e_{\min}$ の中で，いま問題にしている砂層の間隙比 e がどの辺に位置しているのかを示すのが相対密度で，D_r の値が小さいほどゆる詰めで，大きいほど密詰めとなる．

相対密度を用いることの重要性は図 4.3 に示してある．ここで豊浦砂と浅間山（せんげんやま）の砂の現在の間隔比が同じで $e=0.75$ であるとしよう．しかし，$e_{\max}$ と $e_{\min}$ はこの 2 つの砂で異なるので，図 4.3 に示すように，$e=0.75$ は相対密度で表すと浅間山砂では $D_r=37\%$ となってゆる詰めで液状化しやすいということになる．一方，豊浦砂では $D_r=63\%$ となるので，やや液状化しにくい砂ということになる．

具体的に液状化しやすいのは D_r の値が 50～60% 以下であるといわれている．

4.2 土の粒子構成の表示方法

土質力学で用いられている土の粒子の大きさを示したのが図 4.4 である．砂と称する土の粒子は，この図に示すように 0.074 mm から 4.76 mm の範囲の粒径をもつものである．粒径が 0.005 mm＝5 μm（ミクロン）以下のものを粘土（clay），0.005～0.074 mm のものをシルト（silt），それ以上で 4.76 mm までを砂（sand），そして 4.76 mm 以上のものを礫（れき）(gravel) と呼んでいる．実際の土はいろいろな大きさの粒子の混合物なので，どの大きさの粒子がどのくらい含まれているのかを示すために，粒径加積曲線（略して粒度曲線）というものが用いられる．これは，ある土の粒子構成の

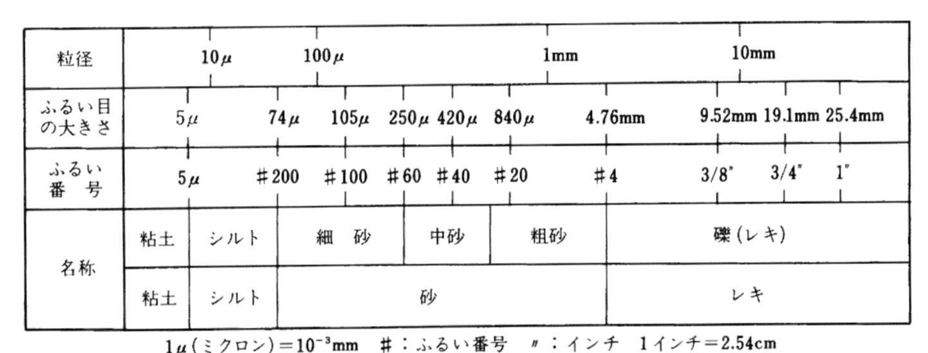

図 4.4 粒径の区分と名称（統一分類法による）

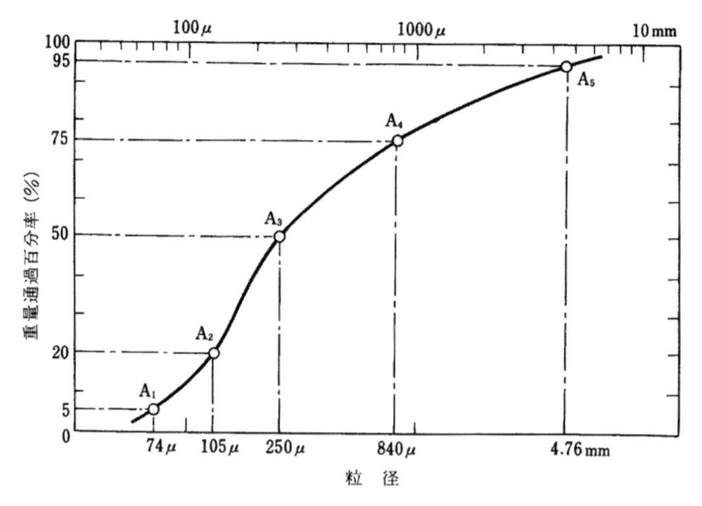

図 4.5 粒径加積曲線の作製法

全体像を示す図であると考えてよい．この粒度曲線を説明したのが図 4.5 であるが，横軸には粒径を対数目盛で，縦軸には重量で表した含有率をパーセント（%）で示すことになっている．

具体的にこの粒度曲線を求めるには，次のような試験が行われる．まず目の大きさの異なる鉄製の網（ふるい）を底に張った容器を数個用意しておく．次に，ふるい目の大きさが上から下へ向かって順次小さくなるように，これらの容器を図 4.6 のように積み重ねておく．そしてある重量，たとえば 1000 g の土を 1 番上の容器に入れて，水をかけながら振動を与える．すると最も大きい粒子の土が最上部のふるい容器に残り，次に大きい粒子の土が 2 番目のふるい容器に残る．さらに次の容器にはそのふるい目より大きい粒子が残る，という具合に，それぞれの容器のふるい目の大きさより大きい粒子がその容器に残ることになる．いま，ある土のふるい分け試験を行い，この結果が図 4.6 のようになったとして，これに基づいて粒径加積曲線を描くと次のようになる．まず，最も細かい目をもつ 200 番ふるい（#200 で表し，目の大きさは 74 μm = 0.074 mm）を通過した土の重さは 50 g であるから，これが全体の重さに占める割合は 50/1000 = 0.05 = 5% である．これを図 4.5 にプロットすると点 A_1 が定まる．次に 100 番ふるい（目の大きさは 105 μm）を通過した土の重さは 150 + 50 = 200 g であり，全体の 20% を占めることになる．これを図上に示すと図 4.5 の点 A_2 が得られる．このようにして，あるふるいより下部のふるい容器に残留した土の重さを加えていくと，そのふるい目より小さい粒子が全体の何パーセントの重量比を占めているかがわかる．以上の手続きを経て作ら

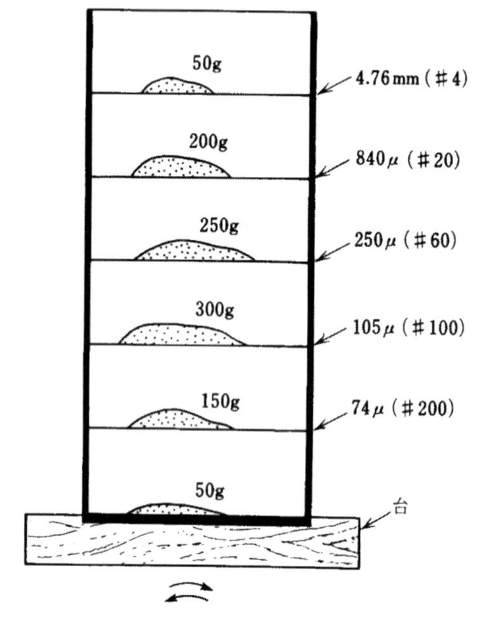

図 4.6 ふるい分け試験

れた粒径加積曲線が図4.5なのである.

振り返って，図4.4に示した粒子の大きさについて考えてみるに，最も注目すべき粒径は200番のふるい（#200）を通過する細かい粒子の含有率である．砂とシルトとの境界である0.074 mmというのは，これより小さい粒子は強風で空中に舞い上がりやすいとか，肉眼で識別できる限界の粒径であるか，というふうに考えてよい．さらに一般の土質試験では，シルト以下の粒子はふるい分け試験の実施が困難になるため比重試験という別の方法で粒径の分布を求める必要がある．粒径が74 μmより細かい粒子から成る粘土とかシルトと呼ばれる土は細粒土と呼ばれ，その強さとか変形特性とかは，4.4節で述べるコンシステンシー試験の結果に基づいて判定されることとなる.

さて，粒径加積曲線の見方をやや詳しく説明すると以下のようになる．いま，すべての粒子の直径が0.5 mmの鋼球（パチンコ球のようなもの）の集合体があるとすると，その粒度曲線は図4.7においてABCDとなる．これは0.5 mmよりわずかに小さい粒径をもつ鋼球の含有率は0%で，0.5 mmの鋼球が100%を占めているためである．次に0.1 mmの鋼球が50%, 4.0 mmの鋼球が50%含まれている集合体があるとすると，その粒径曲線は図4.7においてAEFGHDに示すように2本の鉛直線を50%の位置で横線で結んだような形となる.

通常の土はいろいろな大きさの粒子が混じっているので，一般に図4.8に示すような粒径加積曲線となる．これは次のような特性をもっている．第一に，粒径加積曲線は常に右上がりであること，第二に，曲線が右方に位置していれば礫や砂等の粗い粒子から成っていることを意

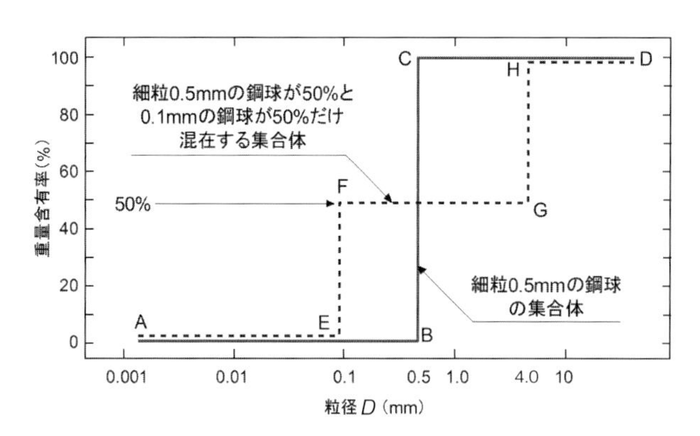

図4.7 単一粒径の鋼球集合体と2種類の鋼球混合体の粒径加積曲線

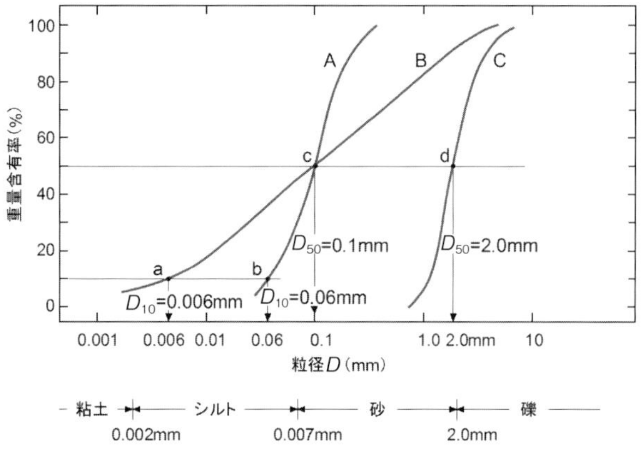

図4.8 粒径加積曲線の示す意味と解釈の仕方

味する．そして，第三に，粒度曲線がゆるやかに傾いているほど，いろいろな大きさの粒子が含まれており，逆に立ち上がっているほど粒子の大きさがほぼ同じでそろっていること，である．

粒経加積曲線を数値で表すためによく用いられるのは，ある粒径より小さい粒子が占める含有率の大きさである．たとえば，図4.8においてAという粒径曲線を有する土があったとすると，50%の含有率をもつ細粒土の粒子の大きさは図の点cに着目して0.1 mm以下であることがわかる．そして，これは$D_{50}=0.1$ mmという具合に表示される．同様に，Aという土に10%含まれる細粒土は0.06 mm以下の粒径をもつものであり，$D_{10}=0.06$ mmと表される．このような表示において，D_{50}はとくに平均粒径と呼ばれている．

4.3　液状化しやすい砂の粒度

地震時に噴出してくる砂を採取してふるい分け試験を実施すると，液状化しうる砂の粒度分布を調べることができる．新潟地震やその後の地震における噴砂の調査結果を粒径加積曲線の形で表したのが図4.9に示されている．多くの地点で噴砂を採取し，その粒径曲線を描いてみて，それらが密集して存在する範囲が“きわめて液状化しやすい”として示されている．また強い地震とか特別な状況下で液状化しうる砂質土の粒径範囲は“液状化しやすい”として図4.9に示してある．この図は液状化しやすい砂質土の粒度特性の大体の目安として用いられる．

その後，多くの大規模地震で，液状化被害が生じたが，より多くの調査結果により，細粒分（粘土とシルト）を相当程度以上含む砂質土でも液状化が生じうることが明らかになってきた．

細粒土の液状化はその粒径が小さいということ以外に，細粒分固有の特性にも依存している．粘土やシルト等の細粒土は，粒子がお互いにくっつき合う粘着性を大なり小なりもっている．この粘着性があるためにせん断時に粒子と粒子が分離しにくくなり，したがって液状化は一般に発生しにくくなる．しかし細粒分でも粒子間のくっつきやすさは土によって異なっている．この粒子間の粘着性を示す指標になるのが，次節に述べる塑性指数である．

4.4　細粒土のコンシステンシー

同じ粒径をもつ細粒土でも，その粘着性は微細な粒子のもつ固有の性質に依存している．粘土細工に用いる粘土等は一般に粘着性が強い．また，米の粉と小麦粉とを比較すると，5 μm以下の細粒に砕いた粉を水でこねた場合，小麦粉の方がよりねばねばして粘着性は大きい．

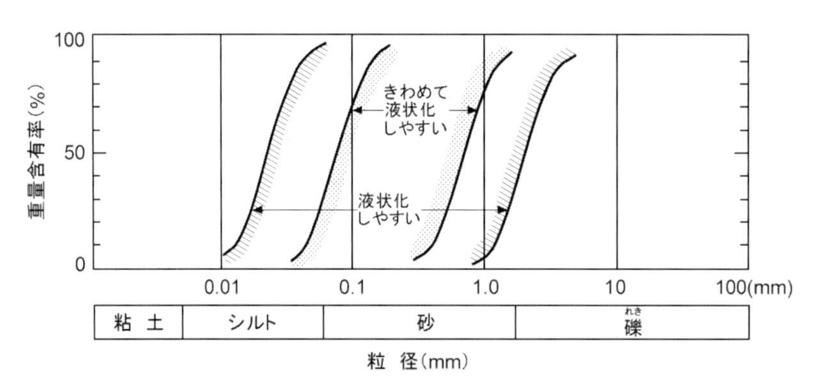

図4.9　液状化しやすい土の粒度分布範囲

この粘着性，つまり粒子と粒子が本来もっている粘着力を推定する目安として土質力学で一般に用いられるのが，塑性指数 I_p（plasticity index）である．この求め方とその意味について以下説明することにする．

細粒土は砂のような粗粒土と異なって，その力学挙動は複雑な物理化学的作用の影響を受けやすい．しかしこれらを精査分析して実用に役立てることは不可能に近い．そこで，より粗雑ではあるが，何人が実施してもほぼ同じ結果が得られ，しかも工学的挙動と直結する簡便な試験法が案出され，一連の土質試験で通常広く用いられている．

これらはコンシステンシー試験と呼ばれているが，実際には液性限界試験と塑性限界試験の2つから成っており，100番ふるいを通過する土，つまり粒径が105 mmより小さい細粒土に対して行われる．粘土やシルト等の細粒土は含水量が大きいとドロドロになって流動し自立しなくなる．逆に含水量が少なくなりすぎると，ボロボロの小さい塊となって崩れ始め自立しなくなる．よって，細粒土は流動し始めるときの含水量の上限値と，崩れ始めるときの含水量の下限値をもっている．含水量は通常“含水比” w で表される．この定義は図4.1に示すように，土が固体である土粒子と水と空気の混合物から成り立つと考えた場合，水の重さ W_w と土粒子の重さ W_s の比率を，パーセントの形で次のように表される．

$$w=\frac{W_w}{W_s}\ (\%) \tag{4.2}$$

この含水比は土を時計皿に載せて乾燥器に入れ，水分を蒸発させる前と後の重さの差より W_w が，乾燥後の重さを計量することにより W_s が測定できるので容易に求まるパラメータである．

a.　液状限界（w_L）

これは細粒土を，ある含水比にしてペースト状に練り，これを入れたお碗状の容器内に溝を作り，所定の方法でこのお碗を何度も落下させて求める．含水比を変えて何度か実験を繰り返すと，ある大きさの含水比のとき土の流動性が急増して，この溝が閉じる．このときの含水比を w_L で表し，“液性限界”と呼んでいる．これは，土が自立しうる最大の含水量と考えてよい．この含水比以上で土をこねると自立せず流動を始めるので，液性限界が大きいということは相当量水を含んでも流動しにくい土であることを意味している．逆にこの値が低い土は流動しやすいことになる．

b.　塑性限界（w_p）

粘性土に少量の水を加えてこね混ぜ，うどん粉の塊のようなものを作る．これを平らなガラス盤に載せて手のひらで細いひも状に引き伸ばす．含水量が少ないと，土のひもはすぐばらばらになってしまう．しかし，逆に含水量が多いとひもの形成が困難となる．含水量を少しずつ減らしてうどん状のひもを作る作業を繰り返すと，この土のひもが3 mmの太さになったとき，ひもが切れ切れになる状態が現れる．このときの含水比を“塑性限界” w_p と称している．これが，対象にしている細粒土がボロボロにならずに自立しうる最小の含水比と考えてよい．

c.　塑性指数（I_p）

上記のようにして求めた液性限界 w_L と塑性限界 w_p の差をとって，“塑性指数” I_p と呼ばれるパラメータが求まる．よって，これは

$$I_p=w_L-w_p \tag{4.3}$$

で定義される．塑性指数は，細粒土が変形してもよいが，ともかく固体として自立しうる含水比の範囲を示している．I_p の値が大きいことは土が流動したり崩壊したりしない状態を保つ含

水比の範囲が広いことを意味しており，多量の雨にさらされたり，過剰な乾燥の気候の環境下でも，土が安定した挙動を示すことを物語っている．ねばねばした粘土細工等に用いられる土は塑性限界が高いと考えてよい．

逆に塑性指数の低い土は細粒土が固体として自立しうる含水比範囲が狭いことを意味している．これら低塑性指数の土はさらさらとした手触りをもち，乾燥するとすぐボロボロになり，水を含むと容易に流れ出す特性をもっている．岩石を粉砕した土であるとか，それが風化して細粒化したものが，河川や海岸流で運ばれ堆積した土は一般に塑性指数の低い土であると考えてよい．場合によっては塑性限界の試験が実施不可能なこともある．このような土は非塑性（non-plastic）と称し，塑性指数で表すと 3 以下の値に相当すると考えてよい．一般に液状化しやすい粘土シルト質砂は，非塑性と判定されるか，または細粒部分（105 mm 以下）の塑性指数が 15 以下であることが多い．

4.5 液状化しやすい細粒土

液状化は外的撹乱によって粒子と粒子の接触が外されて生ずる現象である．したがって，粒子間にもともと粘着力が潜在している細粒分を含む砂質土では粒子が分離しにくくなり，よって液状化はしにくいといえる．しかし，その程度は砂質土に含まれる細粒分の塑性指数に依存している．細粒分の塑性指数が低いと，これはさらさらとして流れやすいので，粒子間の粘着力が低く，粒子の大きい砂と同じくらい液状化しやすくなる．逆に細粒土の塑性指数が高いと粒子間の粘着力が増し，粒子は分離しにくくなるので液状化は生じにくくなる．このため，液状化発生の難易に及ぼす細粒土（粒径 0.074 mm 以下）の影響は，細粒分の含有率 F_c と塑性指数 I_p の両方に依存している．現在，一定のルールはないが，いくつかの考え方が提案されて設計基準に取り入れられている．液状化の判定によく用いられる道路橋設計指針では，I_p の値が 15 以下，細粒分の含有率 F_c が 30 以下の土は液状化しうるとして，液状化解析の対象とするように規定している．

5 室内実験による液状化強度の求め方

Resistance to Liquefaction as Determined from Laboratory Tests

ある地盤が地震時に液状化するか否かを予測するためには，その地点の土の強さを定める必要がある．そのためには，小さい供試体に対し繰り返し荷重を加える実験室内の試験がよく行われる．

与えられた砂質土の液状化に対する強さ（液状化強度）や，それに影響する諸因子を調べるために最もよく用いられるのが繰り返し三軸試験装置である．これらは実務にも広く用いられている．その他に，繰り返しねじり試験装置や繰り返し単純せん断装置も用いられるが，これらは主として研究目的で使われることが多い．

5.1 繰り返し三軸試験

a. 三軸装置の概要

この装置の概略は図 5.1 に示してある．試験用の供試体（試料）の寸法は通常直径 5 cm，長さ 10 cm 程度の円筒形である．直径 6 cm，長さ 12 cm や直径 7.5 cm，長さ 15 cm の供試体もしばしば用いられる．この試料を筒状の薄

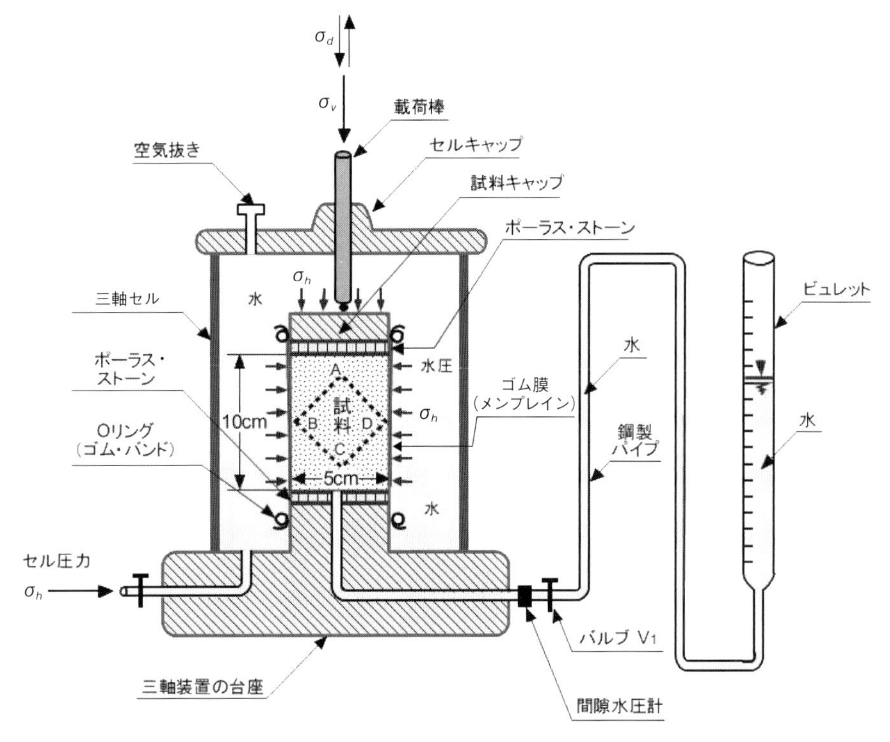

図 5.1　三軸せん断試験装置

いゴム膜（メンブレイン）で包み，透水のよいポーラス・ストーンを試料の上部と下部に置いておく．試料を鉛直にして台座の上に載せる．そして，メンブレインで試料とポーラス･ストーンを包み込むようにしてこれを台座の下部にまで伸ばし，台座の周辺をゴム・バンド（O-リング）で締め付けておく．よって，この部分での水の出入りは遮断される．試料の上部でも同じで円盤状のポーラス・ストーンを載せ，それを包み込むようにしてメンブレインをキャップの上部まで覆いかぶせ，ゴム・バンドを巻いて試料からの水の出入りを遮断しておく．

試料の台座には直径 2〜3 mm の小さな孔があって，砂の試料中の間隙水はポーラス・ストーンを通して台座内に導かれ，さらに細い鋼製のパイプを通して外部に流れ出すようにしておく．さらに，このパイプには水の出入りを遮断できるバルブ V_1 が取り付けてある．この鋼製パイプの途中には図 5.1 に示すように間隙水圧計が取り付けてある．

以上のように配置された装置を用いることにより，繰り返し載荷によって飽和砂試料の中に生ずる過剰間隙水圧はポーラス・ストーンを通して鋼製パイプに伝えられる．そして，その先にあるバルブ V_1 を閉じておけば，水を完全に閉じ込めることが可能となり，そこに設置した水圧計で間隙水圧を測定できることになる．以上のポーラス・ストーンは，水は通すが土粒子は通さないので，試料の内部と外部の水は通じていて，水圧は供試体の内外で同一に保たれることに留意する必要がある．

供試体上部のキャップには鉛直方向載荷用のロッドが取り付けられていて，これにより鉛直方向の初期荷重と繰り返し荷重を加えることができる．

b.　供試体の圧密

以上の装置は全体として，透明なアクリル製の容器“三軸セル”の中に収められている．試験を実施するときには，以上の準備をした後，まず，このセルの内部に底面から水を注入し，上部の排水口から空気を出してやる．セル内が水で満たされたら排気口を閉じて内部の水に底部から，圧力 σ_h を加える．これはメンブレインを通して砂の供試体に加わる．同時に試料のキャップからも下向きに圧力 $\sigma_v=\sigma_h$ が加わる．このとき底部の排水パイプ V_1 を開けておくと試料内の水はしぼり出される．この水量は図 5.1 のビュレットの方に流れるので，この目盛を読めば試料からしぼり出される水の量が測定できる．試料は水で飽和されているので，この排水量を試料の体積で割れば，$\sigma_v=\sigma_h$ という拘束圧を加えたときの試料の体積ひずみ ε_v が求まる．

砂は，一般に押さえの力が働いていないと自立できずに崩れてしまう．これは，図 3.2(a) で拘束圧 σ がないと，応力比 τ/σ が大きくなって崩壊してしまうことに相当する．よって，繰り返し荷重を加える前に，何らかのセル圧力を加えておく必要があるが，一般には $\sigma_h=50$〜200 kN/m^2 のセル圧をバルブ V_1 を開けておいて，排水状態で加えることが多い．

土に四方八方から圧力を加え，十分時間をかけて間隙水を排出しておくことを，土質力学では“圧密”（consolidation）と呼んでいる．液状化を再現する繰り返し載荷試験では，まず以上のプロセスに従って，砂の供試体を圧密しておく必要がある．

c.　繰り返し載荷試験の実施

以上の圧密が終了したら，三軸装置の台座から出てくるパイプに装備してあるバルブ V_1 のコックを閉じる．すると供試体の中の水は外へ排出できなくなるから非排水状態となる．次に三軸セルの上部に取り付けてある鉛直載荷棒に繰り返し荷重を加えることになる．この振幅を

σ_dとすると，繰り返しとともに供試体内の過剰間隙水圧u_sが少しずつ上昇してくるが，その値を台座の近くに取り付けた間隙水圧計で測定するのである．

5.2　地震時の繰り返し荷重の三軸試験内での再現性

原位置で堆積した土は，数千年から数万年という長い地質的年代を通して，あるいは数十年から数百年という干拓や埋立て等の人工的土地改変の歴史を通して，様々な載荷環境の下に置かれてきている．現在ある土の力学的性質を調べる場合，これらの載荷履歴をできる限り忠実に再現して実験を行うべしという考え方は，忘れてはならない土質力学の根本理念であり，現在の地盤工学の発展もこのような概念の下に発展してきたといっても過言ではない．

この載荷履歴の概念の適用例として最もよく知られているのが，圧密現象の解明といえる．これは粘土の体積収縮による地盤沈下を対象にしているが，まず，地質的年代に生じた土の体積収縮を再現するため，室内試験におけるサンプル（供試体）を排水状態にして間隙水を十分にしぼり出す．この水の排出量から地盤沈下を予測することも可能である．次に，工事等で予定している建物や盛土の安定性を評価することになるが，この場合，これら人工構造物の追加重量に相当する荷重を同じサンプルに加えることになる．この載荷時間は1～2年続いても，地質的年代の圧密時間に比べればきわめて短期間となるので，非排水条件の下に載荷して，せん断強度を求めるのである．

同じ応力履歴再現の考え方が，液状化に対する砂質土の強さを求める際にも適用される．三軸試験装置にセットされた図5.1に示すような供試体には，まず排水状態にして拘束圧（セル圧）を加える．この大きさは，対象とする砂の深さに応じた有効拘束圧σ_v'を式（3.5）を用いて定める．この圧密段階は，図3.10(a)に示した地震前における平時の応力状態をシミュレートしたものである．つまり，図3.3で説明した砂質土を安定化させる方向の力を前もってサンプルに加えることを意味する．

この圧密が終了したら，図5.1に示す三軸試験装置の台座の近くにあるバルブV_1のコックを閉じる．すると供試体の間隙，ポーラス・ストーン，そして，台座の中のパイプを満たしている水はすべて完全に閉じ込められた状態となる．試料の周辺はメンブレインで覆われているから，供試体内の間隙水と三軸セルを満たしている水とは完全に分離されている．このセル内の水は単に圧密時の有効拘束圧を試料に加える手段として用いられているに過ぎない．この非排水状態からスタートして鉛直方向の載荷棒に地震時の力を模した繰り返し荷重を上下に加えるのである．

a.　三軸装置の供試体に加わる力と原位置の土要素に加わる力との相似性

水平地盤内の土の微小な要素に加わる平時と地震時に加わる応力状態については図3.10で説明したが，室内の繰り返し三軸試験が，この原位置での応力状態をいかに再現できるかについて両者の関係を考えてみることにする．

図5.1に示した三軸試験装置内の土の供試体には水平方向の力σ_hと鉛直方向の力σ_vを加えることができるが，別の見方としてσ_hは拘束圧力を，σ_vはせん断応力を加えるためであると考えてもよい．

いま，図5.1の供試体の内部で，水平または鉛直から45°傾いた面をもつ四角形ABCDを想定してみる．そしてσ_hやσ_vが加わったとき，この四角形の各辺（または各面）に作用する応力につき考察してみることにする．

一般に，応力というものは“それが作用する面が決まって初めて定まる”という普遍的大前提を思い起こしておく必要がある．よって，外部から力を受けたときに物体内のある点に誘起される応力状態というのは一意的に定まるが，それは3つの成分（2次元の場合）から成り立っており，各成分は着目する面の方向によって変わる，という特性をもっている．一般に2次元問題で，ある点の物理量が1個で決まるものをスカラー，2個必要なものをベクトル，3個必要なものをテンソルと呼ぶことはよく知られている．たとえば，水中の圧力はスカラー，流体の動く速度は大きさと方向を指定する必要があるからベクトルである．土のような固体内の応力は一般に3個の物理量で決まるのでテンソルである．

一般に固体内の応力状態を考察するためには考えている点において直交する2つの面を考える必要がある．1つの面については垂直方向と平行方向に作用する2つの応力があり，もう1つの面にも同じく2つの応力成分がある．面に平行方向の応力をせん断応力と呼ぶが，これは直交する2つの面上でその値が互いに等しいことが回転に関する釣合い条件から求まる．よって，合計3つの成分が決まれば，ある点の応力状態，つまり応力テンソルが確定することになる．さて，三軸装置内の供試体に加わる応力についてであるが，45°傾いた四角形を想定して，その面に作用する応力状態を説明したのが図5.2である．

まず，試料をσ_hで排水圧密した状態を考えてみるに，同じ圧力が上下と水平方向に加わっているから，この段階ではどの方向をとってみても直交する2つの面に作用する応力，つまり直応力は同じである．そこで，この応力を新たに$\sigma_h = \sigma_0'$で表すと，図5.2で太い矢印で示すようになる．

次に，非排水状態にして，鉛直の軸方向圧力をσ_dだけ下向きに加えたとする．このとき，図5.2(a)に示すように45°傾いた面上には直応力$\sigma_d/2$とせん断応力$\sigma_d/2$が発生するが，このことは軸方向応力σ_dを45°傾いた面に変換して容易に導き出せる．この中で，破線で示してある直応力$\sigma_d/2$は直交する2つの面に同じ量だけ誘起されるので，供試体に加わる純粋な圧縮力である．

ここで，水で完全飽和された土に純粋な圧縮力が非排水で加わったときの状態を考えてみよう．水で飽和された土は固形物の集合からなる骨格構造とその間隙を充満している水とから成り立っている．この2相物体に非排水で圧縮力が加わると，その力は骨格構造に加わる分$\sigma_v' = \sigma_h' = \sigma_0'$と間隙水に加わる部分$u$とに分割される．この分割の割合は2つの相がもっている

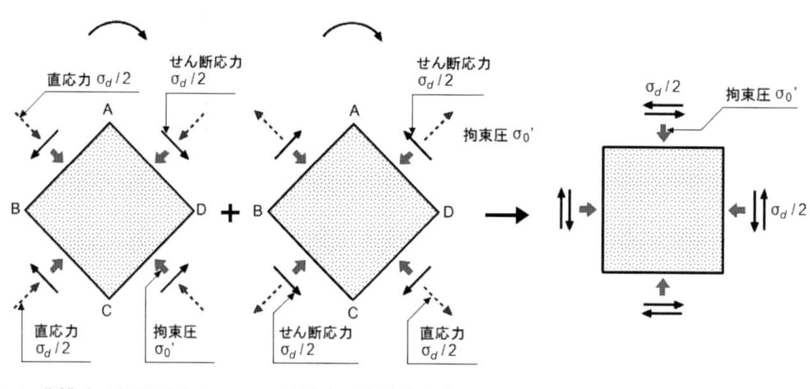

図5.2　三軸試験装置内の供試体に加わる応力系と原地盤の土に加わる加重系との関係

圧縮されやすいか否かを示す性質に依存している．一般に水は，スポンジのような土の骨格構造に比べて，はるかに圧縮されにくい．つまり圧縮性が低い．よって，この2相系に非排水で圧縮力が加わると大部分の力（99%以上）は圧縮しにくい間隙水の方に伝わっていくことになる．

ここで，土質力学における基本原理，つまり，有効応力の考え方に立ち返る必要がある．3.1節で述べたように土の変形や強度を支配するのは，粒子間応力と間隙水圧とから成る全応力ではなく，粒子間応力つまり有効応力のみである．この原理に照合すると，上記の三軸装置の供試体に加わる圧縮力$\sigma_d/2$はほとんど間隙水に伝えられることになり，有効応力は変化しないとみなしてよい．よって，図5.2(a)に破線で示してある垂直応力$\sigma_d/2$は間隙水圧を上昇させるけれども，有効応力の変化をもたらさず，液状化には無関係な応力成分となる．よってこの圧力変化は無視してよいことになる．

最後に，45°傾いた面に平行なせん断応力$\sigma_d/2$について考えてみる．図5.2(a)に示すように，この応力は土の要素ABCDの面に平行で全体の形を変えようとする方向に作用している．このせん断応力が作用したとき，応力状態は図3.10(b)に示す地盤内の土が地震力を一方向に受けたときと同じになっているのである．

次に，図5.1に示す繰り返し試験において，軸方向の鉛直応力をσ_dだけ低減させた状態を考えてみる．このときの状態が図5.2(b)に示してある．各応力の向きが逆になっているが，考え方は上記と同じである．ここで1つ注意すべきは引っ張り方向の直応力$\sigma_d/2$と最初に加えた排水圧密時の応力$\sigma'_v=\sigma'_0$の相対的な大きさである．$\sigma_d/2\leqq\sigma'_0$の場合，供試体の軸方向力は常に圧縮力であるが，逆の場合には伸張力が試料に加わることになる．供試体とそのキャップそして鉛直載荷ロッドは常に圧縮力で連結されているとしているので，繰り返し応力の振幅σ_dが$2\sigma'_0$以上となり，$\sigma_d/2>\sigma'_0$の状態が現れると，載荷棒と試料キャップ（図5.1）が分離する瞬間が現れ，実験結果が妥当性を欠くものになりかねない．したがって，実験は$\sigma_d\leqq2\sigma'_0$の範囲で，σ_dを変化させて行うのが望ましい．

さて，図5.2(a)と(b)に示した四角形を時計回りに45°だけ回転し，両者を1つの図にしたものが図5.2(c)である．この図に示す応力変化は，最初にまず同じ拘束圧σ'_0を水平と鉛直面に排水状態で有効応力として砂粒子構造に加え，次に側方拘束自由の下で非排水状態にして繰り返しせん断力を加えるという図3.15に示した応力状態の変化とまったく同一のものである．一方で，前節で説明したように，図3.15に示す応力変化は，水平と鉛直面に同じ直応力を加えて，側方変位拘束の下で繰り返しせん断を加える図3.13に示した応力変化とも実質的に同一の結果を生み出すのである．実際の応力状態の変化は，図3.12に示した$K_0=0.5$で水平方向を拘束した非排水せん断であるが，図3.13に示した$K_0=1.0$の場合の結果を補正することにより，図3.12の条件のもとでの結果が得られることがわかっている．このようなことより，図5.1に示す三軸装置を用いた繰り返し載荷試験の実施が正当化されてくるのである．

5.3　繰り返し三軸試験による液状化強度の求め方

現在，実務で最もよく用いられている液状化強度の決定法は繰り返し三軸試験を用いる方法である．その理由としては次のことがあげられる．

(1)　ボーリング孔から得られる不撹乱試料は円筒形をしており，適宜切断して三軸試験用の供試体が作りやすい．

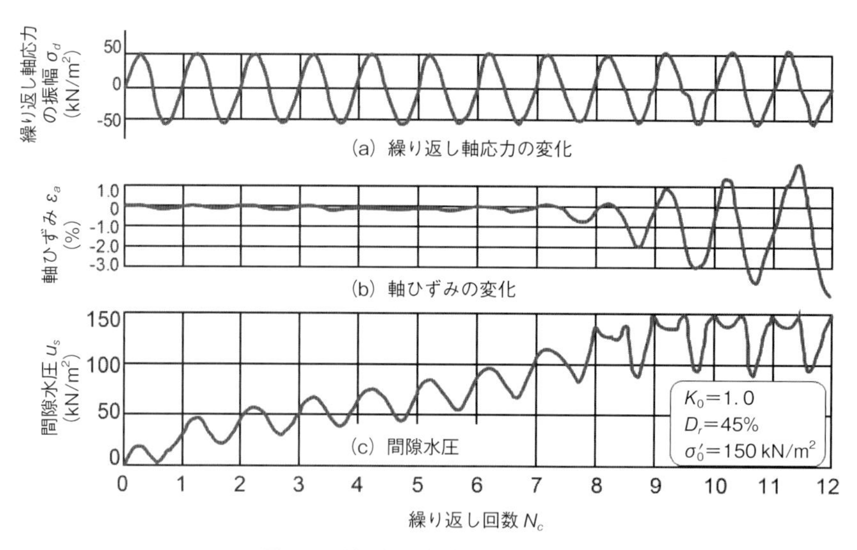

図 5.3　繰り返し三軸試験の結果の一例

(2)　側面がゴムのメンブレインで包まれていて，繰り返しせん断を加える過程で供試体内の応力やひずみが一様に保持できる．

(3)　実験が比較的容易であるため，数多いデータが集積されている．よって相互を比較して液状化強度の大小を判定しやすい．

さて，代表的な実験の一例として，わが国の標準砂としてよく用いられる豊浦砂に対して行った繰り返し三軸試験の結果を示すと図 5.3 のようになる．供試体の相対密度は $D_r=45\%$ で，排水状態で加えた圧密応力は $\sigma_0'=150$ kN/m² ≒ 1.5 kgf/cm² である．繰り返し荷重は一様振幅の荷重で，その大きさは $\sigma_d=50$ kN/m² である．図 5.3(a) は繰り返し荷重の時刻歴で最後まで正弦波の形が保たれている．軸方向のひずみ ε_a はサンプルの鉛直変位をその長さで割った比率として定義されるが，このひずみの時間的変化が図 5.3(b) に示してある．さらに，非排水状態で軸荷重の繰り返しとともに発生する間隙水圧の時間的変動が図 5.3(c) に示されている．

これらの図より，(1) 間隙水圧がしだいに上昇し，9 回目の繰り返しで，この値が瞬間的に初期圧密拘束圧 $\sigma_0'=150$ kN/m² に等しくなっていること，(2) 同時に軸ひずみも急増し，その値は両振幅で約 5%，片振幅で約 2.5% になっていることがわかる．

図 5.3(c) で間隙水圧は正弦的に変化しながら徐々に上昇しているが，この変動の振幅は図 5.2 で説明した 45° 傾いた面で生ずる純粋な圧縮応力の変化で，図からわかるように，$\sigma_d/2=50/2=25$ kN/m² の値となっている．しかし，この振幅は重要ではなく，注目すべきは水圧変化の中心点の移動で，最終的にこれが初期の拘束圧力 σ_0' に等しくなっている時点が厳密な意味で液状化の発生ということになる．しかし，間隙水圧のピークが初期拘束圧に近づいた頃から，軸ひずみ ε_a は著しく急増してくる．これは供試体が著しく軟化していることを示している．

砂質土は，その密度や細粒分の含有率によって同じ振幅の繰り返し軸荷重を加えても，間隙水圧の上昇そして軸ひずみ発生の模様が多少変わってくる．細粒分が多い場合，軸ひずみは増大しても間隙水圧は 100% 上昇しないことが多い．しかし，土は著しく軟化し，繰り返し強度が低下しているので，実用上この場合も液状化とみなすことが多い．本来は“繰り返し軟化”

というべきだが，一般には“所定の回数の繰り返し荷重を加えた場合，両振幅で5%，片振幅で2.5%の軸ひずみが生じるのに必要な繰り返し荷重の大きさ（振幅）”をもって，“液状化強度”と定義することが多い．所定の回数については，地震動の継続時間に応じて変えてよいが，M＝7.5程度の地震を対象にした場合，20回つまり$N_c=20$を採用することが多い．

一般に行われる試験では，同じ相対密度をもつ同一とみなされる試料に対し，同じ拘束圧σ_0'の下で試料を圧密し，繰り返し軸荷重の振幅σ_d'を3〜4段階変えて実験を行う．前節で述べたように砂質土の挙動は，せん断応力$\sigma_d/2$ではなく，これと拘束圧σ_0'の比率に支配される．よって，液状化試験では，$R=\sigma_d/2\sigma_0'$で定義される繰り返し応力比を3〜4段階変えて実験を行うこととなる．このような実験結果を整理して表示した一例が図5.4に示してある．

これは千葉県外房地区の海岸近くの砂を相対密度$D_r=73$〜75%に詰めて試料を作製し，繰り返し応力比を$R=\sigma_d/2\sigma_0'=0.25, 0.27, 0.30, 0.34$と4回変えて行った実験結果である．$R=$

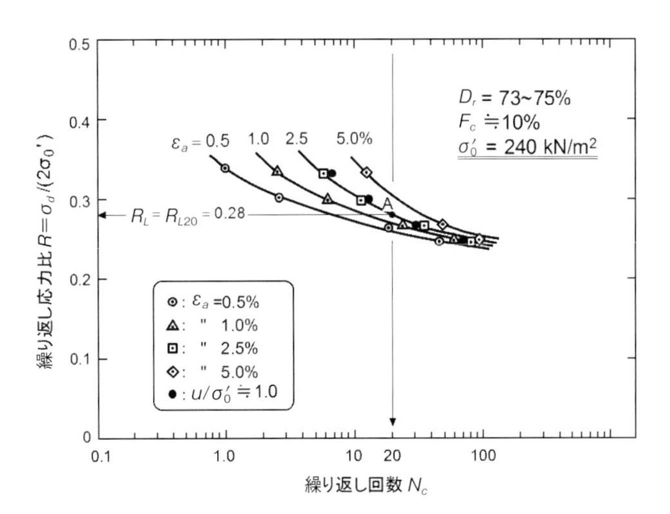

図5.4 繰り返し三軸試験結果をひずみε_aをパラメータとして整理し表示した一例

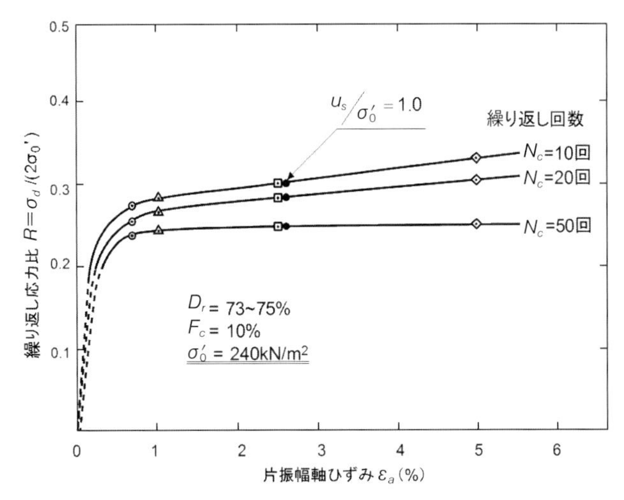

図5.5 繰り返し三軸試験結果を繰り返し回数をパラメータとして整理し表示した一例（図5.4と同じデータ）

0.30のときの結果に着目すると，繰り返し2.5回で片振幅軸ひずみは$\varepsilon_a=0.5\%$, 13回で2.5%, 15回で2.7%程度という具合に，繰り返し回数とともに軸ひずみ振幅が増大していることがわかる．$R=0.35$の場合には軸ひずみの増加がより速いこと，逆に$R=0.20$のときにはより遅く，より多くの回数が必要であることが知れる．図には間隙水圧が$u=\sigma_0'$となって液状化が発生した状態が●印で示してあるが，この点は片振幅軸ひずみが$\varepsilon_a=2.5\%$になったとき（⊡印）とほぼ一致していることがわかる．

多くの実験結果も同様な傾向を示すので，図5.4に示すように$\varepsilon_a=2.5\%$の曲線に着目し，さらに繰り返し回数を指定して液状化強度比R_L（略して液状化強度）を決めることとなる．図5.4の例で，回数を20回に指定すると，液状化に必要な繰り返し応力比は$R_L=0.28$となる．これは略して液状化強度と呼ばれている．

以上の実験結果は別な形でグラフ上に表示することも可能である．その1つが図5.5に示してある．ここでは，繰り返し応力比Rを縦軸に，軸ひずみ振幅ε_aを横軸にプロットしてある．この場合繰り返し回数N_cがパラメータの役割を果たすこととなる．この方法で実験結果をプロットすると，回数を指定した場合の応力振幅と軸ひずみ振幅の関係が明確に表示され，繰り返し回数の影響がより見やすくなる．

5.4　液状化強度と砂の密度との関係

砂の締まり具合を表す目安として通常用いられるのは式（4.1）で定義される相対密度D_rである．図5.4と図5.5に示したデータは$D_r=$ 73〜75%の密な砂に関する実験結果であるが，相対密度が低いと，液状化強度も当然のことながら低下してくる．両者の関係を示す実験データの一例を示したのが図5.6であるが，一般に相対密度が70〜80%より小さい場合には，液状化強度R_LはD_rの増加に比例して増えるとされている．図5.6に示したのは豊浦砂に関する一例に過ぎず，砂の種類，供試体の作り方等により同じ相対密度であっても液状化強度は変わってくる．通常の地盤に存在する細粒分が5%程度以下の砂質土に対しては，多くの室内実験結果に基づき，次のような関係式が提案されている．

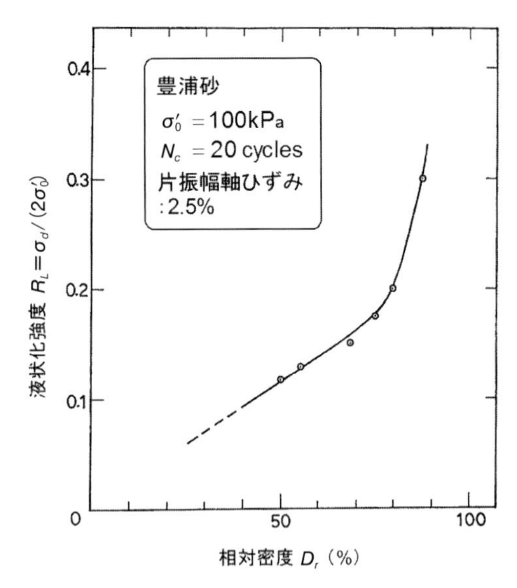

図5.6　20回の繰り返しを対象にした液状化強度R_Lと相対密度D_rとの関係

$$R_L=0.0042\,D_r\quad(D_r:\%)\qquad(5.1)$$

ただし，右辺の係数は経験的に得られた平均値で，0.0046という実験結果も報告されている．また，上記の線形的関係は$D_r\leqq70\%$以下の範囲に限られ，相対密度がこれ以上になると，R_Lの値の増加率はさらに大きくなる．

5.5　傾斜地盤における液状化発生後の土の流動特性

いままで述べてきた液状化の発生については水平地盤内の土の四角形要素に着目してきた．そのため3.7節における単純せん断モードでは，繰り返し荷重が加わる以前の静的状態では水平方向のせん断応力はゼロとしてきた．同じ趣旨で，5.2節と5.3節の三軸モードのせん断でも，上下面と水平面に初期の排水時に加わる応力は等しく，45° 傾いた面にはせん断応力がゼロになる場合を考えてきた．このときの応力状態を，単純せん断モードについて再度示したのが図 5.7(a) である．

a. 傾斜地盤内の応力状態と流動条件

少しでも傾斜した地盤内のゆる詰めの砂が液状化を起こすと，土はきわめて軟弱なので，斜面の下流方向に向かって大量の土砂が流動することとなる．これを説明したのが図 5.7(b) である．傾斜地盤内の土の四角形要素は，地震前の静的状態で，τ_c なるせん断応力を受けるため $\gamma_c = d/h$ で定義されるせん断ひずみを受ける．その後で地震による振幅 τ_d の繰り返しせん断を受けることになる．このときの応力変化とせん断ひずみ発生の模様が図 5.7(b) に示してある．ここで問題になるのは，地震中の繰り返し荷重が加わった後の土の変形挙動である．そこで図 5.7(b) の中の 2 つの図の時間軸を除いて，直接応力とひずみの関係に直した図 5.8 を用いて以下説明してみる．これは一般に応力-ひずみ曲線と呼ばれているが，地震時の繰り返し荷重で液状化を生じた地震後の静穏な状態における砂質土の挙動は，砂の密度によって大きく変わってくることが知られている．つまり，定性的に図 5.8 に示すように，密詰めの砂は初期のせん断応力 τ_c よりも大きな応力を加えないと，ひずみ γ が増大しないのに対し，ゆる詰めの砂は初期のせん断応力 τ_c より相当小さいせん断応力のもとでもひずみが急速に大きくなるのである．

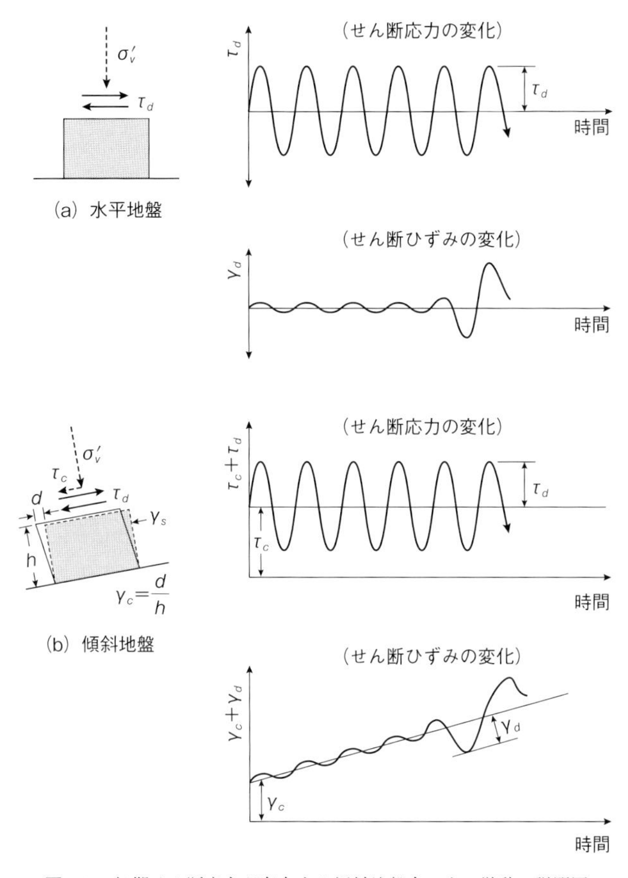

図 5.7 初期せん断応力が存在する傾斜地盤内の土の挙動の説明図

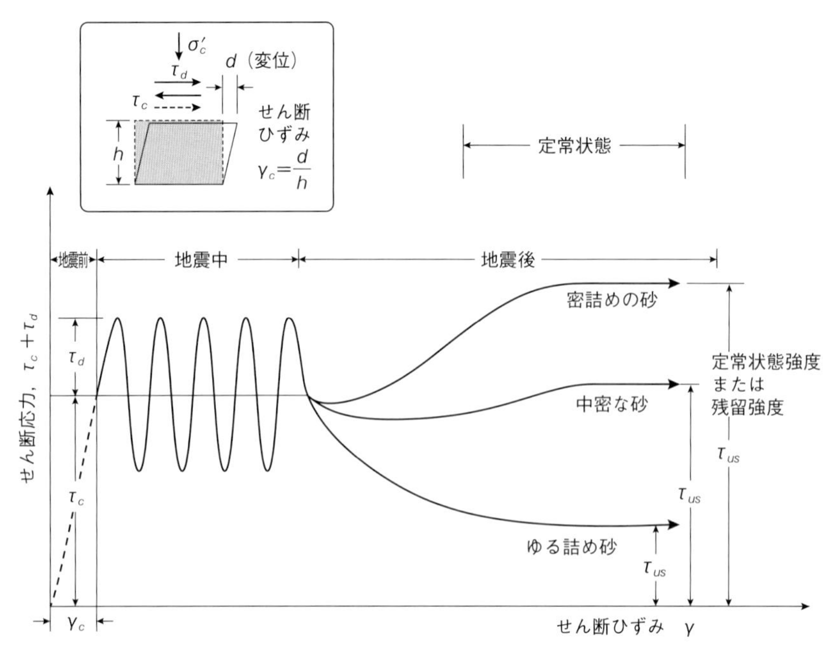

図 5.8　地震中の繰り返しせん断応力が加わった後の砂の挙動

斜面の勾配はほとんど変わらないので，地震の後でも地震前と同じ静的せん断力 τ_c が土の要素に加わっている．よって，地震後で大きなせん断ひずみが生じているときの土の強さ（強度）を τ_{us} とすると，この値は τ_c より小さくなる．つまり，実際に加わっている静的応力 τ_c が土の強度 τ_{us} より大きい状態が現れる．このとき，土は斜面に沿って急速に流れ落ちることになる．つまり，液状化したのち土の流動が発生することになるのである．このときのスピードは相当速いので非排水状態で流動が生じ，よって土の体積 v または間隔比 e は終始一定である．また，流動の生ずる滑り面上の有効拘束圧は σ'_c より少し減って σ'_s となるが，この値も不変である．そしてひずみが大きく増大する最中のせん断応力 τ_{us} も，図 5.8 に示すように不変である．このように，体積一定，有効拘束圧一定，そしてせん断応力一定の条件のもとで発生する流動のことを“定常状態”の変形と称している．そしてこのときに作用しているせん断応力 τ_{us} を定常状態強度（steady-state strength）または残留強度（residual strength）と呼んでいる．

ところで図 5.8 で説明したこの残留強度の値は砂の密度（または間隔比）のみでなく，初期に加わっている有効拘束圧 σ'_c の値にも依存しているのである．詳細な実験（三軸試験）を行った結果，豊浦砂に対して，この定常状態で流動的変形が生じるか否かを画する間隔比 e（体積または密度）と有効拘束圧 σ'_s の境界線が求められた．これが図 5.9 に示してある．ここでは縦軸に間隔比 e が，横軸には三軸試験での拘束圧 $\sigma=(\sigma'_1+2\sigma'_3)/3$ がとってあるが，図中の黒点を連ねた曲線は定常状態線（steady-state line）と呼ばれている．この図で□印は初期の状態であるので拘束圧は $\sigma'_c=(\sigma'_{1c}+2\sigma'_{3c})/3$ であるが，せん断に伴ってこれが変化し，●印の所で定常状態となるのでそのときの拘束圧は σ'_s となるのである．したがってこの境界線より上部にある点（たとえば点 A）では $e=0.9$ で $\sigma'_c=1.0$ MPa であるが，このような初期状態からスタートして非排水せん断を行うと流動が発生し，そのとき間隔水圧が発生するので点 A から点 A′ に有効応力の点が移動してその状態で大変形が発生することになる．このときは

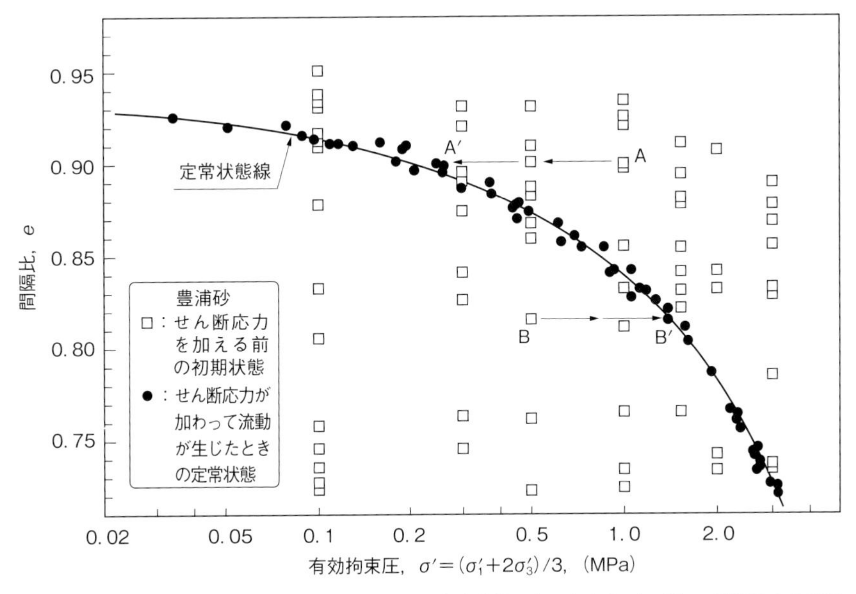

図 5.9　初期の状態（□印）とせん断応力を加えて定常状態になったとき（●印）の間隔比と拘束圧との関係

非排水であるので体積，つまり間隔比 e は一定であることに注意する必要がある．また，この定常状態線より下方の点（たとえば点B）では $e=0.815$ で $\sigma'_c=0.5$ MPa であるが，この密詰めの初期状態からスタートして非排水せん断を行うと，流動は発生しにくく点B′の状態に達して初めて定常状態が現れる．このとき，図5.8に示すように変形はある程度大きくなるが，そのためには初期の τ_c より大きなせん断応力が加わる必要がある．よって，τ_c で落ちついている斜面内の土に，これより大きいせん断応力が加わることはないであろうから，流動変形は生じないことになる．以上のことより，図5.9に示す定常状態線は，非排水せん断応力が加わったときに流動的大変形を起こすか起こさないかの初期の間隔比と拘束応力の関係を示す境界線と考えられる．地震前の初期の間隙比と有効拘束圧がこの境界線より上にあるような飽和砂質土では，地震時に流動性の変形が起こり，これより下にあるような土では流動が生ぜず有限の変形しか起こらない，ことをこの境界線（定常状態線）は意味している．

多くの河川や海岸堤防，あるいは中小の土堰提において地震時に滑り破壊が生じたとして，その結果が0.5～1 m 程度の堤防沈下や部分的亀裂発生で終わるのか，あるいは全面的陥没や流出が生じるのか，という2つの破壊形式を区別し，前者は許容するが後者は何としても防止すべきである，とする考え方が，最近台頭してきている．これはとくに米国において，多数ある中古のアースダムの健全度評価や存廃判定の基準に使われているが，何らかの損傷を生じるのを前提としながらも，それを軽微なものと破滅的なものとに区別しようという試みである．いずれにしても，滑り変形の発生の有無よりも，結果のみに着目してその大小を問うという概念であるから，前述のごとく主な関心事は土の強度，さらにいうと大変形を生じたときの土の残留強度，あるいは液状化に関係した砂質土の定常状態強度ということになる．この残留強度は過去に生じた流動性の地滑りの調査等を行い，逆解析を行った結果から $S_u=2$～20 kN/m^2 の相当小さい値であると考えられている．

粘土層(不透水)
砂　層
粘土層(不透水)
砂　層
粘土層(不透水)

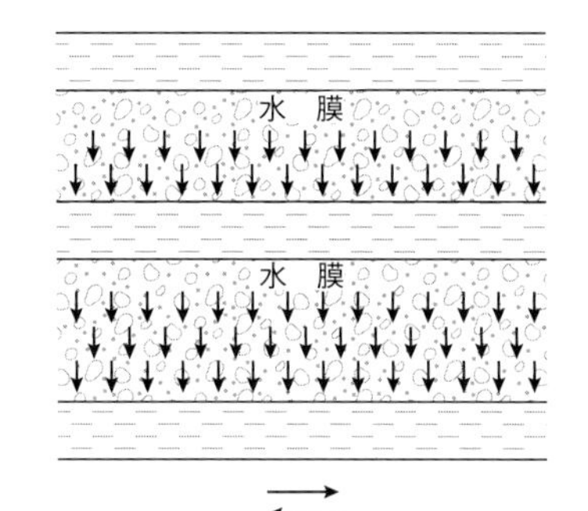

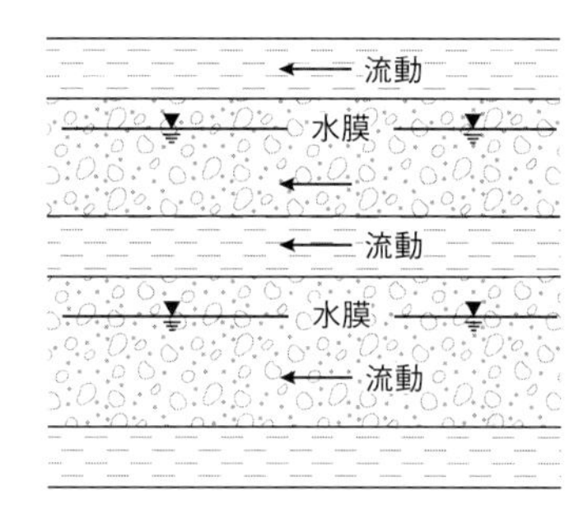

(a) 地震前の平時の堆積状態

(b) 地震動により液状化した砂層中で沈降が生じ，粘土層の下部で薄い水膜が生成される状態

(c) 水膜が滑り面となって地盤全体が流動している状態

図 5.10　粘土層等の不透水層によって排水が防げられ，液状化した砂層の上部に水膜が形成されて流動が生ずるときの説明図

5.6　不透水層の下部に弱層が形成されて生ずる流動

一般に，地盤は異なる粒径の土が層状を成して堆積していることが多い．このような堆積層の中で地震による液状化が生ずると，9.3 節で説明するように砂の沈降が生ずる．しかしその上部に不透水性の粘土層が存在していると上方に向かう排水が防げられるので，粘土層の下部に非常にゆるい砂層または極端な場合水膜が形成される．これを概念的に説明したのが図 5.10 (b) である．地盤が多少でも傾斜している場合には，この水膜のせん断抵抗はゼロに近くなるので地盤全体が図 5.10(c) のように流動を開始する．このような流動のメカニズムは室内の模型実験では実証されている．原位置で発生したいくつかの流動的崩壊もこのようなメカニズムが大なり小なり寄与していると考えてよいであろう[19]．

6 地盤の状態を調査するための貫入試験

In-situ Penetration Tests to Identify Features of Ground Conditions

原位置の地盤調査では，0〜50 m 程度の深さまで，いかなる種類の土がどのくらい締め固められてどのような層状をなして存在するのかを知る必要がある．そのためによく用いられるのが標準貫入試験である．

原位置に堆積している土の力学的性質を把握するためによく用いられるのが各種の貫入試験である．これは土中に貫入棒を押し込み，その抵抗力を測定する方法で，静的または動的に貫入するいくつかの方式が開発されている．この中で標準貫入試験の結果を用いて液状化強度を推定する方法が通常の実務でよく用いられるので，以下これについて説明してみる．

6.1 標準貫入試験

標準貫入試験（Standard Penetration Test：SPT）は米国で始まった方法であるが，戦後わが国に導入され汎用されてきた代表的な地盤調査法である．この概要は図 6.1(a) に示してあるが，手順は次のとおりである．

(1) まず，所定の深さまでボーリングを行い，その中にストッパーのついている貫入棒（直径約 2.0 cm）を孔底まで降ろす．深さが増えるときには貫入棒を順次継ぎ足して長くする．

(2) 中心に孔の開いた円筒形の重錘（重さ 63.5 kg）に貫入棒を通し，この重錘にロープをつけて櫓（やぐら）の上部に取り付けた滑車を通して上方に引き上げ，そして落下できるようにする．

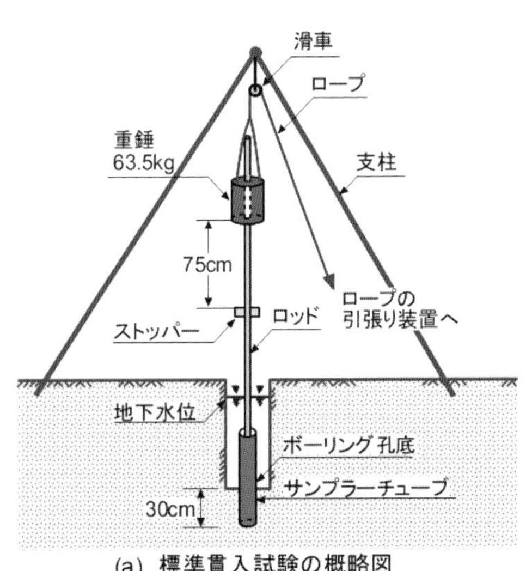

(a) 標準貫入試験の概略図

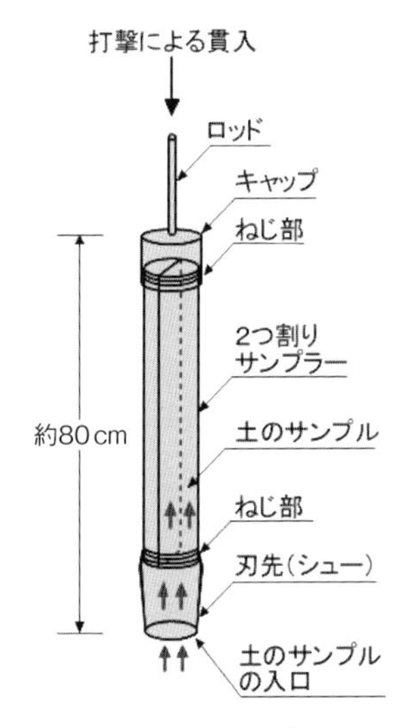

(b) スプリット・チューブ・サンプラーの説明図

図 6.1 標準貫入試験

(3)　ボーリング孔に降ろした貫入棒の先端には図6.1(b) に示すスプリット・チューブ・サンプラーが取り付けてある．これは縦方向に2つ割れになっていて，先端部と上端部で内部にねじが切ってある短い肉厚のキャップとシュー（刃先）で固定されている．

(4)　このスプリット・サンプラーを下部に取り付けた貫入棒をボーリング底部まで降ろした後，重錘を75 cm引き上げて落下させる．これはストッパーの位置まで落ち，これを通して衝撃エネルギーが孔底にあるサンプラーに伝えられる．

(5)　これによりサンプラーは土中に貫入されるが，そのとき孔底の土がサンプラーの中に入る．

(6)　このサンプラーが30 cmだけ土中に貫入するのに必要な重錘の落下回数をN値と呼んでいる．

(7)　貫入が終了したら全体の装置を地上に引き上げ，2つ割れのスプリット・サンプラーを開いて内部に入っている土の試料を取り出し，ビン詰めにして保存する．

以上が標準貫入試験の概要であるが，これには以下のような特徴がある．

(1)　粘土から礫質の土まで広い粒径範囲の土質で使用が可能である．

(2)　ある程度撹乱されているが原位置での土の試料が採取され，どの深さにどのような土が存在するのかを直接目視で確かめることができる．さらにこれに対して比重，粒度分布，そして塑性指数等の基本的物理試験を行うことが可能となる．

(3)　わが国では膨大な数の標準貫入試験データがあるので，近傍で得られた既存のデータと組み合わせることにより，調査地点の土質構造を把握することができる．

(4)　経費がかかるので，対象とする敷地内で通常20〜50 m間隔で実施される．このため，立体的なもっと細かい土質分布構造の把握をすることは困難である．

(5)　軟弱な粘土層では貫入試験装置自体がその重さで自沈し，N値が0と記録されることがある．よってこのような土質では測定値自体の精度が著しく低下する．

6.2　その他の方法と貫入試験の適用

以上のSPT以外にも静的な力でゆっくり貫入するコーン貫入試験（Cone Penetration Test：CPT）とか，静的貫入と回転貫入とを組み合わせたスウェーデン式貫入試験等がよく用いられる．その他いろいろな方法が開発され，用いられているが，その詳細は省略することとする．

いずれの方法を用いるにせよ，貫入試験の抵抗値で液状化強度を推定しようとする場合，両者を結びつける関係式が必要となる．これについてはいくつかの経験式やチャートが提案されているが，いずれにせよ間接的方法であるという性格上，多少異なった結果を与える．また，それぞれのデータ自体が未知の原因による多少の誤差を含んでいると考えられる．

Column 3 ◆ 液状化により命を落とした人はいるのか？

水平地盤で液状化した砂地盤の中に人が落ち込んで命を落としたという例はあるのであろうか？　筆者の知る限り，わが国において関東大震災（1923年）以来，皆無ではなかろうか．これは噴砂・噴水は地震後，数十秒後から発生するので，逃げ去る時間が十分あるためである．

しかし，地面に多少の勾配があって，液状化した砂が流動を始めると，これによって家屋ごと押し流されたり，その下敷きになって命を落とした人々は相当数にのぼる．

1960年，南米チリの首都サンチャゴの北50 kmの地点で巨大なチリ地震が発生した．このとき近傍にあったエル・コーブル（El Cobre）鉱山の鉱滓（こうさい）堆積場が崩壊流失した．高さ50 mもある堆積場の下流側前面には数十軒の労働者の家屋があった．これらはすべて押し流され，これによる犠牲者は200人ぐらいにのぼったといわれている．

また，1989年の地震で現在のタジキスタン共和国の首都ドゥシャンベの近郊において広範囲で土が液状化し，大規模な泥流が発生した．この地震は午前5時頃の早朝に発生したが家屋の被害はなく人々は再び就寝していた．約30分してから泥流が押し寄せ，不意を襲われ約220人の人々が犠牲となっている．

7 設計で用いる液状化強度の求め方

Estimate of Cyclic Strength for Onset of Liquefaction

建物，盛土，ライフライン等の設計に当たっては液状化の有無を判定することが求められる．これについては標準貫入試験の N 値がよく用いられるので，これに基づく強度の推定法について述べる．

地震時における地盤内の砂質土の液状化に対する強さを推定する方法としては，(1) 対象となる土層から不撹乱の土の試料を摔取し，これに対して室内試験を実施する直接的手法と，(2) 標準貫入試験（SPT）等で得られる N 値等の貫入抵抗値を経験式に適用し，強度を間接的に求める手法の 2 つがよく用いられる．

7.1 室内試験による方法

ボーリング孔の底部から，現地盤の土を不撹乱状態で摔取する技術は相当進歩しており，各種の方法が用いられている．これらの中で経費や土質に応じて最適なサンプラーを選び，それを用いて不撹乱試料を採取する．同じ深さから採取した 1 本のサンプリングチューブ(長さ 0.7～1.0 m)から 3～4 本の供試体が得られるので，所定の寸法の円筒形に成型して，三軸装置にセットして繰り返し三軸試験を実施する．この試験順序は 5.3 節に述べたとおりである．対象とする繰り返し回数は 10，15，20 回が多いが，M 7.5 のランダム波形の地震動を一様振幅の繰り返し荷重に置き換えるとほぼ 20 回に相当すると考えられるため，$N_c = 20$ 回に着目し，片振幅 2.5% の軸ひずみ ε_a を生ずるのに必要な繰り返し応力比 R_L を図 5.4 のように図示した実験データから読み取って，繰り返し強度 $R_L = \sigma_d/(2\sigma_0')_{20}$ を定めることが多い．

7.2 標準貫入試験の N 値による方法

a. N 値と相対密度との関係

この場合，N 値等の貫入抵抗と液状化強度 R_L を関係づけるチャートあるいは経験式が必要となってくる．そのためにはまず N 値と相対密度 D_r との相関関係を求める必要がある．

ある深さにおける N 値とそこでの砂の相対密度 D_r との関係は，いわゆるチャンバー・テストで求められた．これは直径 1.5～2.0 m，深さ 2～3 m の大きな鋼鉄製の容器に種々の密度で砂を詰め，容器の蓋に上部から拘束圧 σ_v' を加えておき，蓋の中心部の孔を通して図 6.1 (b) に示した実物大のサンプラーを重錘撃落下で貫入するという方法である．このような実験を行って求めた N 値と拘束圧 σ_v' と相対密度 D_r との関係は細粒を含まないきれいな砂について次式で表され，これが広く用いられるようになった．

$$D_r = 21\sqrt{\frac{N}{\sigma_v' + 0.7}} \quad (\sigma_v' : \mathrm{kgf/cm^2},\ D_r : \%) \tag{7.1}$$

ここで注目すべきことは，同じ相対密度であっても，N 値は拘束圧 σ_v' とともに増加するということである．いま，有効拘束圧 $\sigma_v' = 1\ \mathrm{kgf/cm^2} = 9.8\ \mathrm{kN/cm^2}$ のときの N 値を N_1 で表すと，式 (7.1) は，

$$D_r=16\sqrt{N_1} \qquad (7.2)$$

となる．いま，深さ方向に同一の密度で堆積された一様な相対密度の砂層があると仮定してみる．このとき，拘束圧が $\sigma_v'=1\,\mathrm{kgf/cm^2}$ である深さの密度は，それより浅い位置あるいは深い位置の砂層の相対密度と同じであるから，式(7.1)と式(7.2)は等しいはずである．よって，この両式を等しいとおくことにより，

$$\begin{cases} N_1=C_N\cdot N \\ C_N=\dfrac{1.7}{\sigma_v'+0.7} \end{cases} \qquad (7.3)$$

という関係が得られる．いま，$\sigma_v'=1\,\mathrm{kg/cm^2}$ 以外の拘束圧 σ_v' をもつある深さにおける N 値を原位置で求めたとしよう．この値を式（7.3）に代入すればその深さでの N_1 値を求めることが可能になる．ここで注目すべきは，式（7.2）から明らかなように，N_1 値は C_N を通して拘束圧が N 値に及ぼす影響を除去してあるため，密度のみに依存するということである．つまり，N_1 値は拘束圧に無関係に純粋に相対密度の大きさのみを表すパラメータであるということである．よって各深さの N 値が測定されれば，その深さに相当する鉛直拘束圧 σ_v' を式（7.3）に代入して，相当密度を表す1つのパラメータとしての N_1 値を定めることができることとなるのである．よって，以上の C_N は，ある深さで求められた N 値に対して，式（7.2）より相対密度を求めるときの拘束圧補正関数とみなしてもよい．同様な趣旨の補正関数は他にもあり，よく用いられるものとして，次の式があげられる．

$$C_N=\frac{1}{\sqrt{\sigma_v'/P_a}} \qquad (7.4)$$

ここで P_a は大気圧を表し，σ_v' と同じ単位で表す必要がある．

b.　きれいな砂に関する N 値と液状化強度との関係

わが国では不撹乱試料を採取した近傍で別なボーリングを行い，標準貫入試験の N 値を求める試みが多くの場所で実施された．よって，1か所の同一の深さに存在する土に対して室内試験による R_L と N_1 値のデータがセットとして多数集積されてきている．この中で高品質なものを図示してチャートにしたものが道路橋耐震設計基準[11]に提示されている．よって，図5.6のような R_L と D_r の関係を経由せず，N 値から直接液状化強度 R_L を求める方法が，広く採用されるようになった．

数多くの不撹乱試料に対して室内の繰り返し三軸試験を実施し，それを取りまとめたのが図7.1に示してある．縦軸には，20回の繰り返し載荷で軸ひずみ $\varepsilon_a=2.5\%$ の片振幅ひずみが発生するのに必要な繰り返し応力比 R_L がプロットされ，横軸には式（7.3）または式（7.4）の C_N を用いて基準化した N_1 値がプロットしてある．これらのデータは砂質地盤をいったん凍結してそのあとでボーリングを行い不撹乱試料を採取し，それを解凍した高品質な不撹乱供試体に対して行われた室内の繰り返し三軸試験の結

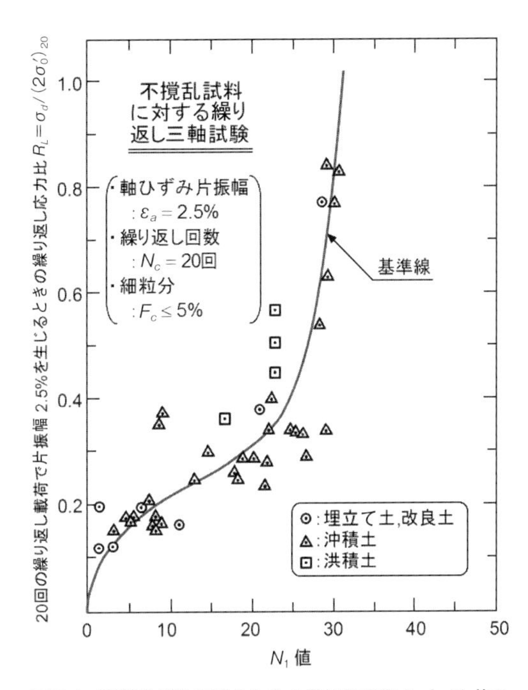

図7.1　不撹乱試料に関する砂の液状化強度 R_L と N_1 値の関係

果をとりまとめたものである．したがって信頼性が高いことから道路橋耐震設計基準[11]に示されている方法の根拠となった．図 7.1 に示したデータにつき細かく説明すると以下のようになる．

数多くのデータの中で，地質学でいう第四紀の洪積世（約 2 万年前より古い時代）に堆積した古い砂層から採取した不撹乱試験に属するデータは⊡印で示されている．また，それより新しい第四紀の沖積世に堆積したと考えられる砂層から採取した不撹乱試料に関するデータは◬印で示してある．そして戦後 20～50 年以前に人工的に埋め立てた地盤から得られたデータは⊙印で示してある．広い範囲でデータはばらついているが，埋立て土では N_1 値が 10 以下のものが多いこと，洪積土に属するデータはやや上方に位置していること等が読みとれる．これらのデータ群の平均的な点を通る曲線を示したのが，図 7.1 の実線であるが，全体的に見て次のようなことがいえる．

(1)　N_1 値が 10 以下の砂質土はゆる詰めで液状化しやすい土とみなしてよいが，液状化強度 R_L はほぼ 0.2 以下である．

(2)　N_1 値が 10～20 の砂質土は中間的詰まり具合の砂質土であるが，R_L は 0.2～0.3 の値をとる．

(3)　N_1 値が 20 以上になると相当締まった密な砂質土であるが，N_1 値とともに液状化強度は急速に増大する．

(4)　30 以上の N_1 値を示す非常に密な砂は R_L の値が 0.8 以上あり，事実上液状化を生じないと考えてよい．

c.　液状化強度と *N* 値の関係に及ぼす細粒分の影響

液状化しやすい砂質土の粒度分布の範囲の概要は図 4.9 に示したとおりであるが，粗い砂や礫の含有率を示す図の右側の境界については課題は少ないといってよい．これに対し，左側の細粒分含有率については，影響が大きいが不確定要素が多いので，一般的に受容されているルールはないといってよい．平野部の沖積地盤や埋立て造成地地盤では，最近の地震で液状化の発生が頻繁に見られるが，噴砂や掘削で採取された土を調べてみると細粒分が相当程度含まれており，その含有率は 80% に及ぶ場合もある．しかし，これらはさらさらとした粘土やシルト，つまり，塑性指数の小さい細粒分であるのが特徴である．

鉱山業では貴金属を含む岩石を掘削して選鉱場に運搬し，それをシルトや粘土の大きさまでまず粉砕し，これを水に混入して泥水状態にする．これを熱すると多数の気泡が生じるが，貴金属はこの気泡に付着してくるので，これを取り出して凝縮すると純度の高い貴金属が得られる．この過程を選拡と呼んでいる．このとき残った非金属の部分は鉱滓（こうさい）と呼ばれ，多量の水と混ざった泥水の状態で排出される．鉱滓はもともと岩石の粉砕物でシルトや粘土の粒径をもっているが，その塑性指数 I_p は 10 以下であるか，非塑性と分類される土である．よって，さらさらしており，地震時に液状化しやすい土ということになる．実際，鉱滓ダムに送られ沈殿中の鉱滓が地震時に液状化し，アースダムが崩壊し，鉱滓が流出することはときどき発生する．

一般に河川の下流部平野に堆積している沖積砂層を構成する土は細粒分を 20～60% 含んでいるが，その塑性指数は $I_p = 10～30$ 程度で液状化しうる土であると考えてよい．実際，2011 年 3 月 11 日の東日本大震災では浦安市近辺で激しい液状化が生じたが，この地域の砂には最大 80% ぐらいまでの細粒分が含まれていた．以上のような最近の事例も勘案して，粒径加積曲線における細粒側の液状化発生の範囲を拡大すると図 7.2 に示すようになると考えてよい．

道路橋の耐震設計基準[11]では，図 7.2 に示

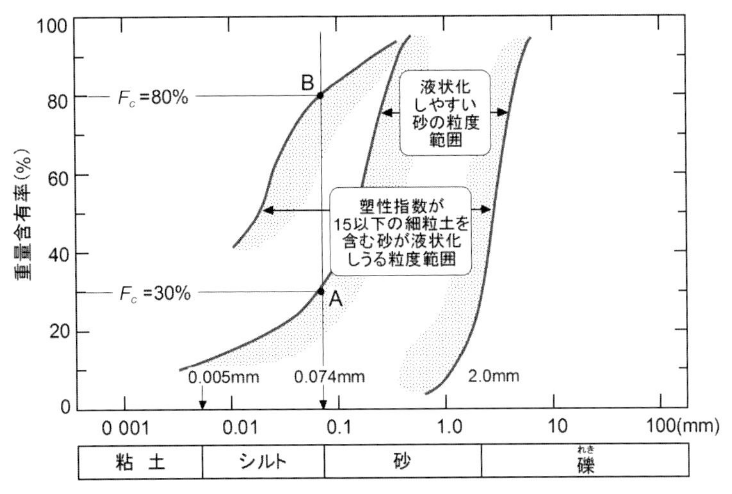

図 7.2　液状化しうる土の粒度分布範囲

すように塑性指数 I_p が 15 以下の細粒分を含む砂が液状化するとしているが，これ以上 20～30% の砂も危険域にあると考えられる．

d.　道路橋耐震設計基準で定められた液状化強度の求め方

以上 7.2 節 a, b で説明したのは細粒土の含有率が 10% 以下のいわゆるきれいな砂に関するものである．地盤を構成する土には多かれ少なかれ細粒土が含まれており，上述の説明で取り上げたようなきれいな砂に出合うことはむしろ稀である．そこで，その影響の評価についても道路橋耐震設計基準[11]では考慮できるようになっている．詳細は省略するが，細粒分を多く含む不撹乱試料に対しても多くの実験が行われ，図 7.1 に示すような代表的データの整理が行われた．基準ではこれらの成果をとりまとめて式の形で表しているが，以下，それらをもっとわかりやすく説明してみることにする．

(1)　与えられた地点でボーリング調査を実施すると深さ方向の N 値の分布とそれぞれの深さでの土の細粒分含有率 F_c の値が既知となる．また，それぞれの深さにおける有効鉛直応力（かぶり圧）σ'_v の値は地下水面の深さを考慮して，式 (3.5) より推定することができる．そこで，これらの N 値と σ'_v の値を式 (7.3) に代入してまず N_1 値を求める．

(2)　次に，この N_1 値を次式に代入して細粒分の影響を考慮した N_a 値を求める．

$$N_a = c_1 N_1 + c_2 \tag{7.5}$$

ここで，c_1 と c_2 という係数は細粒分含有率 F_c の関数として与えられるが，それを図示したのが図 7.3 である．この中で，定義より，c_1 は N_1 値に比例する形で細粒分の影響を考慮した係数であり，c_2 は N_1 値に無関係な効果を表す係数であると考えてよい．これらの係数を式（7.5）に用いて，N_a と N_1 の関係を図示すると，図 7.4 のようになる．

(3)　最後に式（7.5）より求まる N_a 値を用いて液状化強度 R_L を求めることになるが，沖積の砂質土に対して次式を用いるように規定してある．

$$\begin{cases} N_a < 14 \text{ のとき} \quad R_L = 0.0882\sqrt{\dfrac{N_a}{1.7}} \\ N_a \geqq 14 \text{ のとき} \\ R_L = 0.0882\sqrt{\dfrac{N_a}{1.7}} + 1.6\times10^{-6}(N_a-14)^{4.5} \end{cases} \tag{7.6}$$

細粒分を含む砂質土の場合，以上のように，いったん測定された N_1 値を割増しして N_a 値

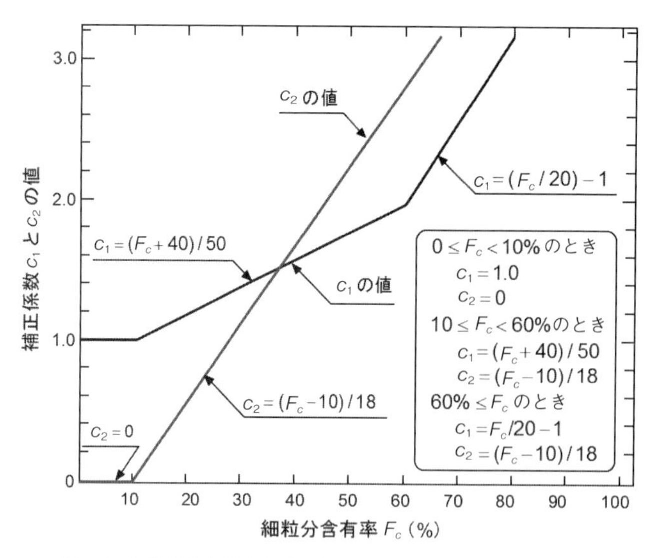

図 7.3　細粒分含有率と式（7.5）の中の補正係数 c_1, c_2 との関係

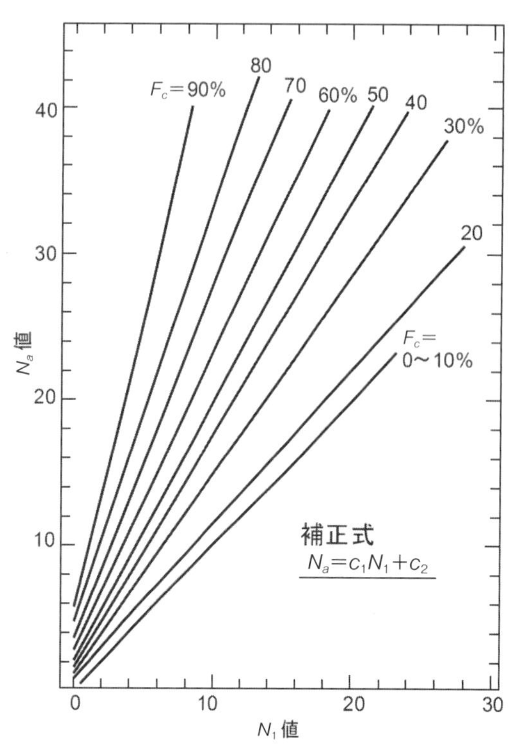

図 7.4　細粒分を考慮して補正した N_a 値と N_1 値との関係

を式（7.5）を用いて求め，それにより最終的に液状化強度 R_L の値を式（7.6）で求めることになる．この複雑さの根元は，砂の中に細粒分が混在することにより液状化強度と標準貫入試験の N_1 値との関係が著しく変わってくることに由来している．さて，細粒分が 10% 以下のきれいな砂を対象とした場合，図 7.3 に示すように，$c_1=1.0$，$c_2=0$ となるので $N_a=N_1$ となる．この場合について，式（7.6）を図示すると図 7.5 で実線が示すような R_L と N_1 の関係が得られる．これは，図 7.1 に示した基準線と同一のものであり，現段階ではこれがきれいな砂を対象とした代表的な R_L と N_1 値との関係であると考えてよい．

一般に標準貫入試験で得られる N 値は土の粒度の影響を大きく受けることがわかっている．たとえば，粘土やシルトのみの土層では，軟弱層で N 値は 0〜2 程度，そして N 値が 5 程度になると相当かたい粘土層である．ところが，砂質土になると，図 7.1 からもわかるように，その締まり具合によって N 値の範囲が広がり，ゆる詰めで 3〜10，中くらいで 10〜20，そしてもっとかたくなると 50 以上の値が測定されることがしばしばある．このことを反映して，今度は同一の N_1 値に着目した場合には，液状化強度は細粒分の存在によって，相当増加することとなる．この増加量を模式的に示すと図 7.5 の ΔR_L に相当する．

以上のことから，細粒分を含む砂質土の液状化強度を推定する場合には，図 7.3 に示したようなルールに従って N_1 値を割増しした N_a 値を求め，それを用いて R_L を定めようとするのが道路橋耐震設計基準[11)] に示されている基本的考え方である．

e. 細粒分補正に関する別の考え方

内容的には同じであるが，別の考え方で細粒分補正を行うことも可能である．これを簡単に実施する方法を示したのが図 7.5 である．まず，細粒分が 10% 以下のきれいな砂層に対して，R_L と N_1 値の基準となる関係が図の実線で示したように与えられているとする．

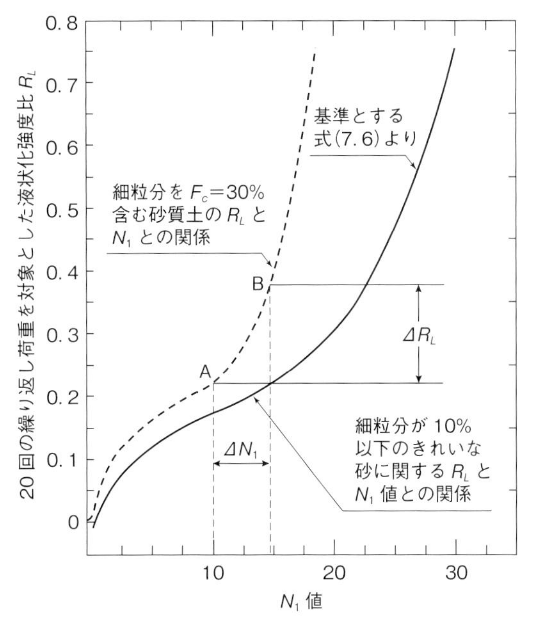

図 7.5　きれいな砂の基準となる R_L と N_1 の関係および細粒分を含む砂の R_L-N_1 関係の求め方

上述のごとく細粒分が増えると，同一の N_1 値に対して液状化強度は ΔR_L だけ増えるが，この増加分に対応する N_1 値の変化を考えてみることにする．つまり細粒分が存在することにより，同じ R_L に対して，N_1 値が ΔN_1 だけ減少したと考えてみる．これは基準となる R_L-N_1 曲線を図 7.5 に示すように，ΔN_1 だけ左側に移動させることに相当する．この移動量は細粒分の影響を考慮した N_a 値ときれいな砂に対する N_1 値との差で，式 (7.5) に基づき，次のように表すことができる．

$$\Delta N_1 = N_a - N_1 = (c_1 - 1)N_1 + c_2 \qquad (7.7)$$

この関係を図 7.3 の c_1, c_2 を用いて数値化し，図に表示したのが図 7.6 である．この図より明らかなように細粒分補正のために必要な N_1 値の割引き量 ΔN_1 は元の N_1 値によって変わるわけで，N_1 値が増加するほど補正すべき ΔN_1 の値は大きくなる．図 7.6 に示した N_1 値の補正量は道路橋耐震設計基準[11)] の内容に準拠したものであるが，他の研究者によってもいろいろ

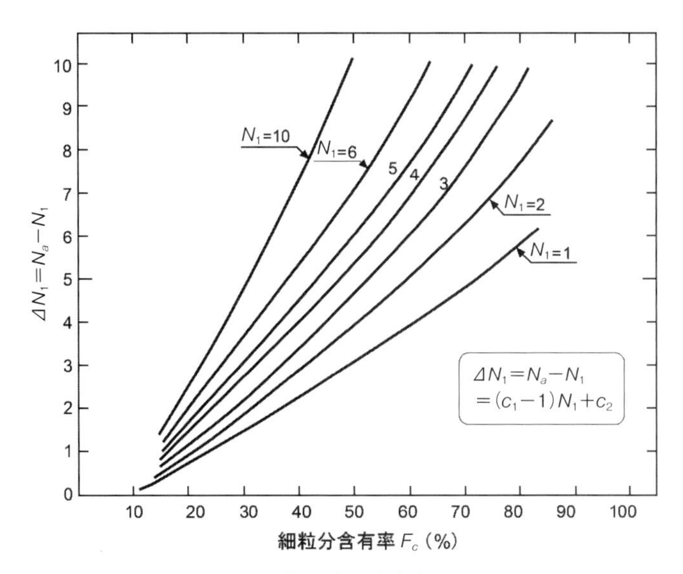

図 7.6　N_1 値と細粒分含有率との関係

な補正方法が数式やチャートの形で提案されている．しかし，共通しているのは細粒分が30〜70%の範囲で$\Delta N_1=3$〜15程度の修正をしたうえで,図7.1あるいは図7.5に示した基準カーブを用いて液状化強度を求めるということである．繰り返し述べるが，細粒分が増えると強度R_Lのほうの増加に比べて測定されるN_1値は著しく小さくなる．よって，ΔN_1を補正して増加させた上で，基準カーブを適用しないと，液状化強度を過小に評価してしまうということになる．

7.3　液状化強度に及ぼす諸因子

以上は20回の繰り返しを対象にした繰り返し強度R_Lの求め方であった．しかし，その他にも多くの因子が液状化強度に影響を及ぼすが，実務に関係して重要性の高いものは，現地調査や室内試験を通じて，相当程度に研究が行われ，その全容が明らかにされてきている．その中でもとくに重要な因子は（1）平時の応力状態や堆積の年代，そして，（2）地震動の不規則な時間的変化のパターン，の2つである．

a.　平時の応力状態の影響

水平な地盤内の土の微小な要素に着目すると，これは図3.9や図3.10に示すように，それより上の土の重量による鉛直方向の有効応力σ'_vを受けている．これは土の骨格に加わっている圧縮するような有効応力であり，式（3.5）で簡単に推定できる．この土の要素には図3.10に示すように同時に横方向の有効応力σ'_hも作用している．この2つの応力の比は式（3.6）で定義したように，K_0値と呼ばれる．土の要素を平時に四方八方から押えつけているいわゆる拘束圧は，正確には3方向の圧力の平均値として，

$$\sigma'_0=\frac{1}{3}(\sigma'_v+2\sigma'_h)=\frac{1}{3}(1+2K_0)\sigma'_v \qquad (7.8)$$

で与えられる．ここでσ'_hを2倍しているのは横方向の圧力として紙面方向とそれに直角な奥行き方向の2つの拘束成分を考えているためである．通常の地盤では$K_0=0.4$〜0.6と考えられるが，原位置で水平方向有効圧力σ'_hを測定するには手間がかかり，また，その精度も高くないので，一般には$K_0=0.5$と仮定することが多い．

上記のような室内の繰り返し三軸試験を行う際には，鉛直方向と水平方向の拘束圧を同一にして行うので，$\sigma'_v=\sigma'_h=\sigma'_0$となり，これに基づいて液状化応力比$R_L$が決められる．ところが，後述のように実務で液状化の評価をする場合には，鉛直有効応力σ'_vのみが既知となるので，水平方向応力σ'_hをK_0値を用いて式(7.6)から定めるR_Lを補正しておく必要がある．このK_0補正係数をC_1とすると，これは式（7.8）より

$$C_1=\frac{\sigma'_0}{\sigma'_v}=\frac{1+2K_0}{3}\doteqdot\frac{2}{3} \qquad (7.9)$$

となる．

b.　不規則荷重の影響

地震動は周知のとおり時間的に不規則な変化をする．一方，液状化の抵抗力の方は前述のように一様振幅の繰り返し荷重を加えて求めざるをえない．これはいろいろな波形をもつ地震動を対象にして実験を行うのは不可能に近く，現実的でないことによる．そこで，地震時に地表面で記録された代表的な波形をいくつか選び，それと同じ不規則変化をする荷重を三軸試験装置の軸荷重に加える実験を行い補正係数を求める試みがなされた．

三軸試験において同一の不規則な荷重を加える場合，実は2つの方法がある．不規則荷重の時刻歴でピーク値$\sigma_{\max}$を三軸供試体の圧縮方向（下向き）に向けてランダム荷重を加える場

合と，ピーク値を供試体の伸張方向（上向き）に向けて試験を行う場合の2つである．いずれにせよこの種の実験を行う場合不規則な荷重パターンは同一に保つが，その振幅を全体的に3～5段階に変化させて実験を繰り返す必要がある．小さい振幅の場合，不規則荷重は全部加わっても間隙水圧は100%上昇せず，液状化は発生しない．しかし，間隙水圧はある程度発生するので，この値u_rを読み取って，初期拘束圧σ_0'で除した比率u_r/σ_0'を求めるのである．以下三軸試験を行った場合の結果を紹介してみることにする．三軸の軸方向荷重について時刻歴変化の中のピーク値をσ_{max}とし，これに基づく応力比$\sigma_{max}/2\sigma_0'$に対して実験で求めたu_r/σ_0'の値をプロットすると，たとえば図7.7の点Aが定まる．これはピーク値を三軸の圧縮側に向けた場合の実験結果である．次に不規則荷重の振幅を少し増やした実験を行うと点Bが得られる．振幅をさらに大きくすると，水圧が100%上昇し，液状化した状態が現われる．このときの結果が図7.7に点Cまたは点Dで示してある．このときの軸荷重のピーク値をσ_{max1}で表すと，図に示すように$\sigma_{max1}/2\sigma_0'=0.393$となる．この点Dのデータが得られたときの実験の詳細を示したのが図7.8である．

加速度の波形を軸方向荷重としたときの時刻歴が示してあるが，これは新潟地震（1964年）のときに川岸町アパートの地下で取得された地上の加速度波形のうち，東西方向（EW）の成分の不規則波である．図7.8には実験で測定された間隙水圧の時刻変化も示してある．この実験結果より，ピーク加速度に相当する軸応力の最大値σ_{max}が加わったときに間隙水圧が大きく上昇し始め，荷重が1回転してほぼもとに戻った時点で間隙水圧が100%上昇し，初期拘束圧の値$\sigma_0'=150\ \mathrm{kN/m^2}=150\ \mathrm{kPa}$に等しくなっていることがわかる．この荷重のピークが加わった後では間隙水圧u_rは$\sigma_0'=150\ \mathrm{kN/m^2}$より若干低い値の周囲を上下に変動してくる．このことより，液状化は地震動の主要動が加わった頃に発生することがわかる．よって，原位置でも同様に地震動が最大になったときに液状化が発生していると考えられる．それ以後は地盤が軟化しているので，長周期の運動が生じていると考えられる．この種の実験より，ピークが発生する以前と以後とでは土の挙動がまっ

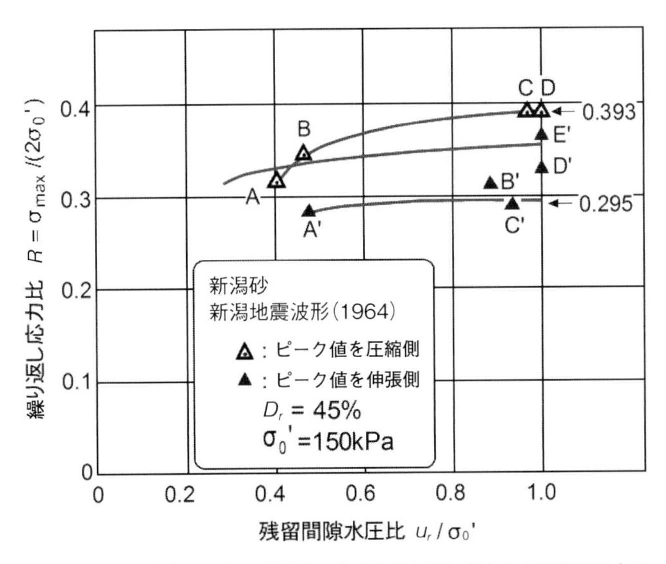

図7.7　不規則波を用いた三軸試験における繰り返し応力比と残留間隙水圧比との関係

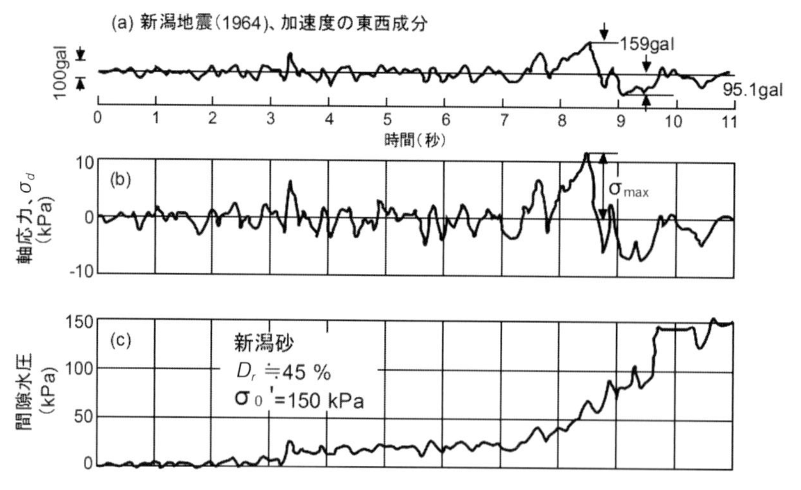

図 7.8　新潟地震のときに地上で得られた不規則波形を用いた動的三軸試験結果

たく異なることに注目すべきである．

次に，このような不規則荷重波形下での液状化応力比 $\sigma_{\max l}/2\sigma_0'$ と前節で述べた一様荷重を 20 回繰り返し加えたときの液状化応力比 $\sigma_{dl}/2\sigma_0'$ との関係を考えてみる．同じ新潟砂を相対密度 $D_r=45\%$ に締め固めた撹乱試験に対し，一様振幅の繰り返し試験をした結果，20 回の繰り返しで $R_L=0.194$ という液状化強度値が得られている．簡単な比較をするために，今不規則荷重を加えたときの液状化応力比と一様荷重を 20 回加えたときの液状化応力比の比率 C_2 を次のように定義してみる．

$$C_2=\frac{\sigma_{\max l}}{\sigma_{dl}} \tag{7.10}$$

上記の実験結果に対しては，$C_2=\sigma_{\max l}/\sigma_{dl}=0.393/0.194=2.03$ という値が得られる．ここで σ_{dl} は図 5.3 のような正弦波を加えた場合の 20 回で液状化を生ずるに必要な軸荷重の片振幅を表す．この C_2 の値を一様荷重の下での液状化応力比 R_L に対してプロットしたのが図 7.9 の点 A である．

同様な実験は荷重のピーク値を三軸試験で上方つまり伸張側に向けた場合についても行われた．前と同様に図上にその結果を示したのが図 7.7 の点 A′, B′, C′, D′, E′ である．この実験で間隙水圧が初期拘束圧に等しくなるときの応力比は $\sigma_{\max l}/2\sigma_0'=0.295$ であった．そこで前と同様に，一様振幅荷重の場合の結果 $R_L=0.194$ と比べてみると，$C_2=\sigma_{\max l}/\sigma_{dl}=1.52$ となることがわかる．この値は図 7.9 の点 B で示してある．このように，同一の不規則荷重でも，そのピーク値を圧縮側に向けるのか伸張側に向けるのかによって，その効果が異なってくる．これは，不規則波が左右対称でないために生じる差違であるわけで，要するに 2 種類の不規則波を用いた試験結果とみなしてよいのである．

以上，新潟地震の際に得られた加速度波形の東西方向成分についての試験結果を詳しく説明したが，他の異なった波形をもつ地震波形を軸方向の不規則荷重として加える同様な実験が数多く実施された．その中で東日本大震災（2011 年）のときに浦安で得られた地震波の東西成分を用いて，繰り返し試験を行った結果を，同様に整理したものが図 7.9 に示してある．この図には，豊浦砂や浦安砂に対して密度を変えて多くの試験を行ったので，横軸には密度とともに変わる一振幅繰り返し試験時の R_L の値がプロットされている．この図より，点 A で示した $C_2=2.04$ は大きすぎるので除外するとして，一般に液状化強度比の増加に伴い C_2 の値

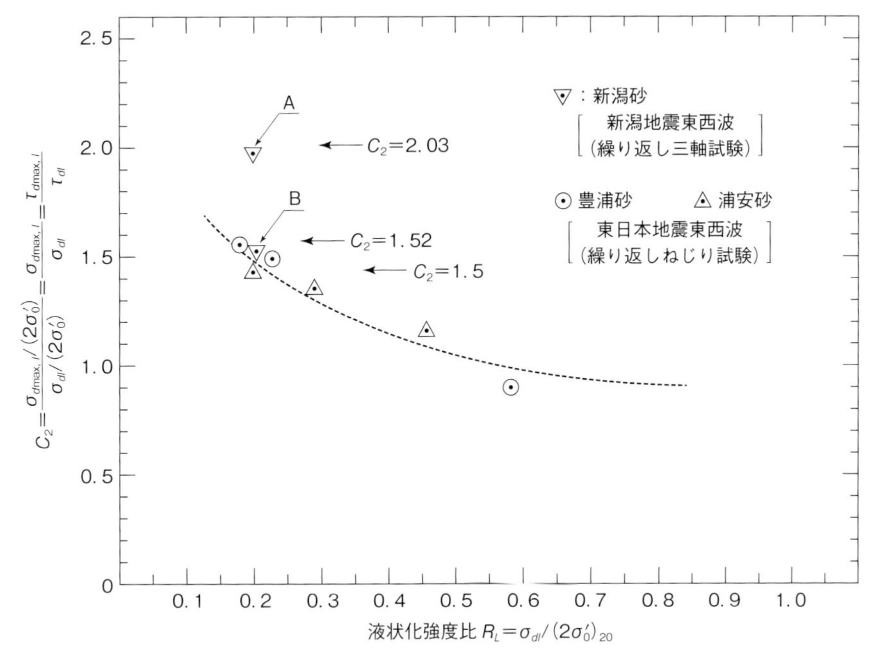

図 7.9　不規則波と一様振幅波（20 回）とを加えたときの液状化応力比の比率 C_2（石川・安田・青柳，2014 による）

は低減してくることがわかる．一般に R_L=0.15～0.30 の値をとることが多いことを考えると，平均的にみて

$$C_2 \cong 1.5 \quad (7.11)$$

と考えておいてよいだろう．この値は図 7.9 で矢印で示されている．

c.　その他の因子の影響

その他液状化強度に影響する因子としては実験に用いる供試体の乱れの影響を表す係数 C_3 がある．これはいくつかの経験に基づき C_3=1.0 とするのが普通である．その他，試験方法の違いなどを補正する係数 C_4 もあるが，これも C_4=1.0 とすることが多い．

一般に，地震動は東西成分と南北成分の 2 つから成っている．よって，この 2 つの成分の方向の不規則性も考える必要がある．この影響は実験などで調べられていて，係数 C_5 で表される．詳細は省略するが，一般に

$$C_5 = 0.9 \quad (7.12)$$

の値がよく用いられる．

d.　液状化応力比の補正

以上述べた，いくつかの要素で補正した結果として，最終的に解析に用いる液状化強度比 R は

$$R = C_1 \cdot C_2 \cdot C_3 \cdot C_4 \cdot C_5 \cdot R_L \quad (7.13)$$

で表される．これら係数を具体的に算入すると，最終的に

$$R = \frac{2}{3} \times 1.5 \times 1.0 \times 1.0 \times 0.9 R_L = 0.9 R_L \quad (7.14)$$

となる．ただし，道路橋耐震設計基準[11] 以外の基準では C_5=1.0 として

$$R = R_L \quad (7.15)$$

としていることもある．

Column 4 ◆ わが国の鉱山業と鉱滓ダム

わが国は金銀を含む鉱山に恵まれ，鎌倉・室町時代から金銀が採掘生産され，流通通貨や貿易の輸出品として使われてきた．とくに16世紀の中期に灰吹き法が大陸から導入されて以来，効率よく金銀が増産されるようになった．これは，金銀を含む鉱石を粉砕し鉛を加えて熱し，それを骨灰に混ぜると金銀の粒が残ってくる性質を利用した精錬法である．この方法の普及で，石見（島根県），生野（兵庫県），佐渡（新潟県），土肥（静岡県）など多くの鉱山が誕生し，17世紀の初めには世界の産額の3分の1をわが国で生産していた．その後，もっと近代的な選鉱法，精錬法が開発され，生産量も増えたが，1970年代頃からしだいに減少し，現在稼働している鉱山は，少数にとどまっている．鉱山業ではいわゆる鉱滓（こうさい）の処理が常に課題になるが，扞止堤（かんしてい）と呼ばれる簡単な盛土で囲まれた池に鉱滓を破棄するのが常であった．1936（昭和11）年には，青森県にあった尾去沢（おさりぎわ）扞止堤が降雨によって崩壊し，流出した鉱滓で多数の犠牲者が出た．この調査がわが国における土質力学発展の原点になったと考えられることは注目に値する．なお，大小の古い扞止堤は各地に残されており，地震時の液状化による崩壊リスクが最近関心事になってきている．

8 液状化が発生するか否かの判定

Simple Analysis for Occurrence or Non-occurrence of Liquefaction

想定される地震動のピーク値が与えられると，外力としての作用応力比が推定できる．これと地盤内の土の繰り返し強度応力比とを比較することにより，液状化の有無が判定できる．

8.1 液状化する土としない土の判別

4.5 節で述べたように液状化は砂粒子間の接触がはずれて生ずる現象なので，もともと粒子間に粘着力が存在する土は液状化しえないと考えてよい．粘土と総称される土は，一般にこの粒子間の粘着性が強く，液状化は本来発生しえない．そこでまず問題になるのは，いかに強大な地震動を受けてもそもそも液状化しない粘性土と液状化しうる砂質土をどのような基準で判別するかということである．これは具体的に液状化の判定やそれを防止するための地盤改良の程度を決めるという実務において，コストに関係して非常に重要な課題となってくる．非液状化と判定された地盤では，地盤改良の必要がもともとないということになり，液状化しうる土と判定されると，何らかの対策を考える必要が出てくるからである．

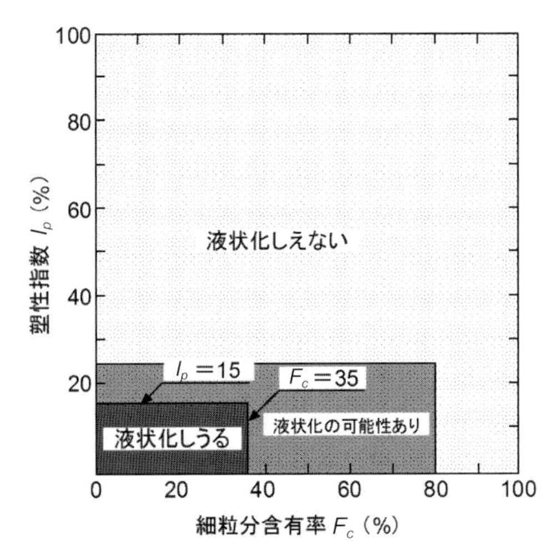

図 8.1　液状化しうる土としない土の判別（道路橋設計基準書による）

現在よく用いられる判別法は簡単なもので，標準貫入試験等で採取した土の試料に対して行われる物理試験結果に基づく方法である．つまり粒度試験より細粒分含有率 F_c，そしてコンシステンシー試験より塑性指数 I_p を求め，F_c が 35% 以下でかつ I_p が 15 以下の細粒分を含む砂質土を液状化しうる土とみなすのである．この範囲を図示すると図 8.1 のようになる．この判定基準は多くの地震で生じた噴砂から砂質土を採取し，それに対して行った粒度試験やコンシステンシー試験結果から定めたものである．ところが最近の大地震で大きな地盤被害を受けた場所から採取した砂質土を調べてみると，この範囲を逸脱した土で液状化が生じている例が多く報告されている．図 8.1 にはこのグレーゾーンも示してある．よって，この判別法は将来見直されることであろう．

8.2 地震時に発生する外力の推定

地震時に生ずる加速度は外力の大きさを規定するもので，液状化の発生に直接大きな影響を及ぼす最も重要な要因である．詳細は他書や文献に譲るとして，その考え方の概略と結果のみを簡単に述べると次のようになる．

現在，構造物の設計に当たってはその使用目的の重要性とか，地域性とか地盤の種目に応じて，レベルⅠとレベルⅡの2つの地震動を考慮するのが普通である．これらの地震動は地上の構造物の耐震設計に関する考え方であるが，液状化の判定に対しても同様に適用されている．地表面で記録される地震動には水平動2方向と鉛直動の3つの成分があるが，鉛直動の影響は小さいとして無視するのが普通である．よって水平2成分の中で加速度のピーク値が大きい方の不規則波を取り上げて，液状化の解析を行うことが多い．地震動の特性としてまず取り上げられるのは，不規則な変化をする波形の中の最大加速度 a_{max} であり，次がその周波数特性であろう．しかし液状化に影響を及ぼす因子としては，地震動の継続時間がより重要である．しかし，この影響は現行の判定法ではとくに考慮されていない．

設計地震動として採用されるのは，大体の目安としてレベルⅠ地震動では加速度が200〜300ガル（$=2\sim3\,\mathrm{m/sec^2}$），そしてレベルⅡ地震動としては400〜700ガル（$4\sim7\,\mathrm{m/sec^2}$）がよく用いられている．

次にこの地震加速度を外力に置き換える方法を考えてみよう．水平地盤内に図8.2のように深さが z で幅が D の土の柱があると想定してみよう．説明を簡単にするために，地下水面は地表面にまで達している場合を考えてみる．この土の柱の重さは土の単位体積重量を γ_t とするとき，$\gamma_t \cdot z \cdot D$ である．地表面で a_{max} なる加速度が矢印の方向に加わった瞬間に，この土柱が剛体として水平方向に動くと仮定すると，$(a_{max}/g) \cdot \gamma_t \cdot z \cdot D$ なる慣性力が誘起される．ここで g は重力加速度 $9.8\,\mathrm{m/sec^2}$ であり，a_{max} も $\mathrm{m/sec^2}$ の単位で表すこととする．これに抵抗する力としては，土柱の両側に加わる力と，底面に誘起されるせん断力とが考えられる．しかし，土柱は水平な地表面内にあるから，水平方向のどの位置を取り上げてもこのせん断力の値は同じである．よって，いま考えている土柱の側面に誘起される力は両側とも同じ大きさで向きが反対であるから，打ち消しあってゼロとなり考慮する必要がなくなる．よって，底面に誘起されるせん断応力 τ_{max} と加速度による慣性力が釣り合うことになるので図8.2(a)に示すように，

$$\frac{a_{max}}{g} \cdot \gamma_t \cdot z = \tau_{max} \tag{8.1}$$

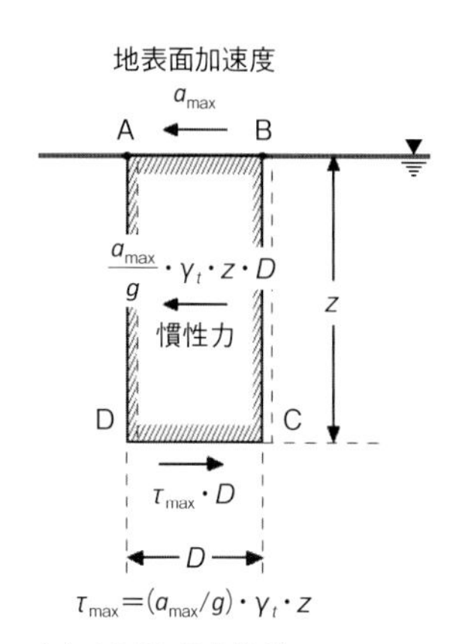

(a) ABCDの土柱が剛体として動いた場合

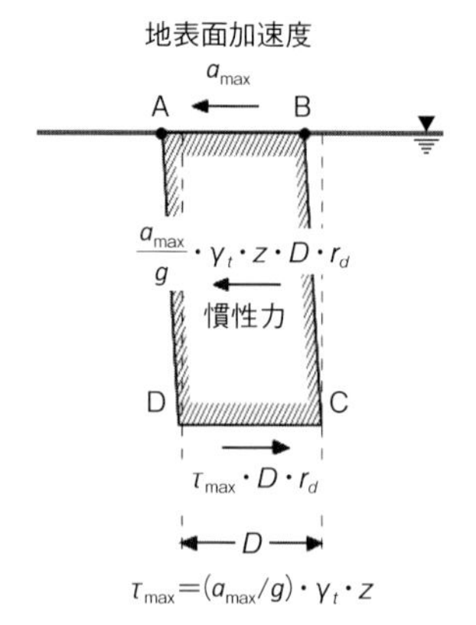

(b) ABCDの土柱が変形して動いた場合

図8.2 地表面で加速度 a_{max} が生じた瞬間において，深さ z の底面に誘起されるせん断応力 τ_{max} の値の算定法

なる関係式が導かれる．

式（8.1）で$\gamma_t \cdot z$は底面に作用する鉛直方向の全応力であるので，$\sigma_v = \gamma_t \cdot z$と置いてよい．よってこれらを式（8.1）に用いると

$$\frac{a_{\max}}{g} = \frac{\tau_{\max}}{\sigma_v} \qquad (8.2)$$

となる．さらに両辺を土柱の底面に加わる鉛直方向の有効応力σ_v'で割ると，

$$\frac{\tau_{\max}}{\sigma_v'} = \frac{a_{\max}}{g} \cdot \frac{\sigma_v}{\sigma_v'} \qquad (8.3)$$

が得られる．

以上は，土柱が剛体として水平に動くと仮定しているが，実際には図8.2(b）に示すように横方向に曲がるような変形を若干生ずるので，式（8.3）で求める値は実際より少し大きな値となる．この横方向の曲がり変位を補正する係数r_dを導入して式（8.3）を修正したものをLとすると，

$$L = \frac{\tau_{\max}}{\sigma_v'} = \frac{a_{\max}}{g} \cdot r_d \cdot \frac{\sigma_v}{\sigma_v'}$$
$$r_d = 1 - 0.015\,z \qquad (8.4)$$

が得られる．

ここで，r_dとその関係式は多くの解析を行った結果得られた経験式である．よって，式(8.4)を用いることにより，地表面で測定された加速度時刻歴の最大値あるいは設計の際に想定する加速度の最大値$a_{\max}$が与えられれば，地中で同時に発生する，せん断応力比$L = \tau_{\max}/\sigma_v'$の値を簡単に推定できることになる．

8.3　液状化発生に関する安全率の算定

構造物を設計する際によく用いられるのは，それが供用期間中に受けるだろう作用外力に比して，その構造体が耐えられる力が何倍になっているかを比率で示すいわゆる安全率という指標である．よって，たとえば安全率が2.0であるということは，その構造体が実際に加わる力の2倍の強さをもつことを意味し，安全であることを意味する．逆に，安全率が0.5というのは外力の半分しか耐力がないので崩壊が生ずるということになる．これと同じ考えを踏まえると液状化の安全率F_lは，

$$F_l = \frac{\text{液状化に抵抗しうる強度としての応力比}}{\text{地震時に加わる応力比}}$$

のように定義される．これは諸因子を考慮して補正した式（7.14）の繰り返し強度比Rと式（8.4）で定まる外力応力比Lを用いることにより

$$F_l = \frac{R}{L} \qquad (8.5)$$

となる．この式で分子のRは図7.9で説明した$C_2 = 1.5$を考慮しているから地震波の不規則性を考慮した強度比である．よって，Rの値は分母を算定したときと同じ不規則性をもつ地震波が加わったときの応力比のピーク値で表現した強度である．

以上は荷重の不規則性を室内実験の結果に基づいて修正するという土質力学的方法であるといえる．以上とは逆に，多くの地震波の波形の特徴を調べて，15～20回の繰り返し回数に換算すべき係数を工学的判断から決めてしまう方法もある．これは地震工学的アプローチともいえるが米国での方法がこれに当たり，M7.5程度の地震動を対象として，液状化の解析には$C_2 = 0.65$を採用することが多い．いずれの方法もほぼ同じ結果を与えることになると考えてよい．

8.4　設計示方書による液状化判定法

液状化の有無を判定する方法はそれぞれの機関が設定した各種構造物の設計基準や示方書等に記載されていて，それらを用いて構造物の基礎や地下構造物の設計が行われてきている．そのなかで最も古く，汎用されているのが道路橋

設計基準[11]であろう．これは，基本的に標準貫入試験で得られる N 値と，そのとき回収されたサンプルの物理試験から求まる細粒分含有率 F_c と塑性係数 I_p を用いる簡便法であるが，わが国では最も多く用いられている．以下，この内容に沿って液状化の判定方法をもっと具体的に説明すると次のようになる．

(1)　対象とする地点のボーリングのデータより F_c と I_p の値が深さごとに与えられているので，まず図 8.1 に基づき，液状化しうる砂質土層の深さと厚さを判定する．

(2)　次に，深さ z と地下水面の深さ H がわかっているので，鉛直拘束圧（有効かぶり圧）の値 σ_v' を式（3.5）を用いて求める．

(3)　この σ_v' の値を式（7.3）または式（7.4）に代入して C_N を求め，これと測定された N 値を式（7.3）の最初の式に代入して N_1 値を求める．

(4)　次に式（7.5）を用いて細粒分の影響を考慮した N_a 値を求める．このときの C_1 と C_2 は図7.3より定める．または図7.4のチャートを用いても同じことである．

(5)　この N_a 値を式（7.6）に代入して，液状化強度比 R_L を求める．このとき，図 7.5 と図 7.6 により R_L を定めても同じことである．そして式（7.14）より，修正した最終的な繰り返し強度比 R を求める．

(6)　次に，対象としている地点の地震動を推定し，最大加速度 $a_{\max}$ の値を定める．これを用いて式（8.4）より地震時に地盤のある深さに誘起される応力比 L の値が求まる．

(7)　最後に，式（8.5）により液状化に関する安全率 F_l を求める．そして，$F_l>1.0$ であれば，考えている土層では液状化が発生しないこと，逆に $F_l \leqq 1.0$ であれば液状化が生じると判定されることになる．

道路橋設計基準[11]によると設計地震動としてレベル I とレベル II を区別するように規定されている．レベル I は 50～100 年に 1 度生じる最大加速度が 200～300 ガルで震度 5～6 程度の地震を指し，レベル II は 100 年以上に 1 度起こるような直下型や海溝型の震度 6 以上の大地震を意味している．ところで，以上述べた液状化の判定法は M 7.5 前後のレベル I の地震動を対象にして作られたものである．もっと大きなレベル II 地震動を対象にした液状化判定もほぼ同じ方法で可能であると考えられる．

8.5　不撹乱試料の強度を用いた液状化の判定例

前述のごとく，1964 年の新潟地震の際には，川岸町アパート第 2 棟の半地下に設置されていた加速度計により貴重な強震記録が得られた．これに基づく液状化の解析例を示すと以下のようになる．

図 8.3 は敷地内の近傍で得られたボーリングによる土質柱状図である．10 m ぐらいの深さ

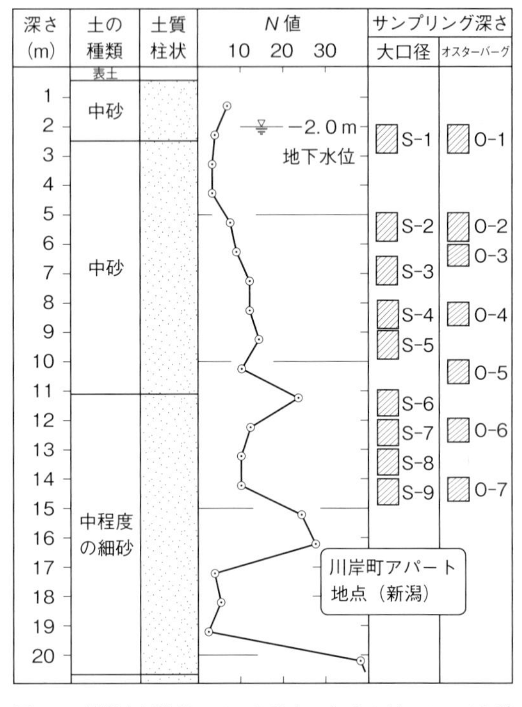

図 8.3　新潟市川岸町アパート地点におけるボーリング土質柱状，N 値，オスターバーグサンプラーと大口径サンプラーによる不撹乱試料採取深さ

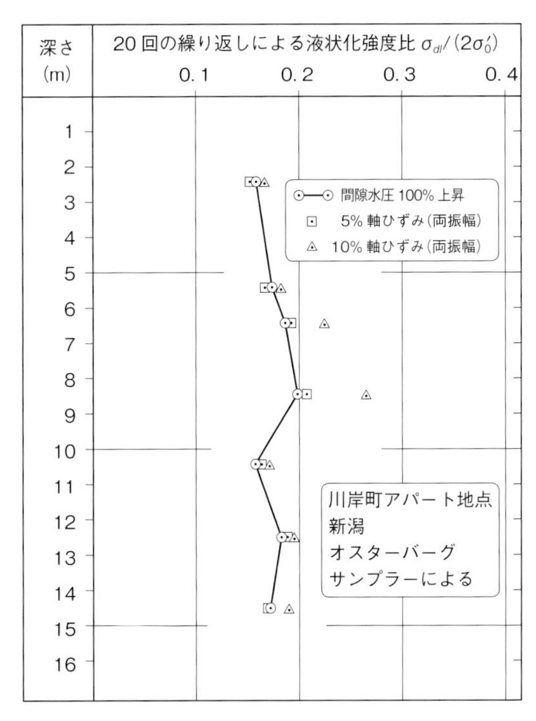

図 8.4 繰り返し三軸試験による繰り返し強度の深さ方向分布

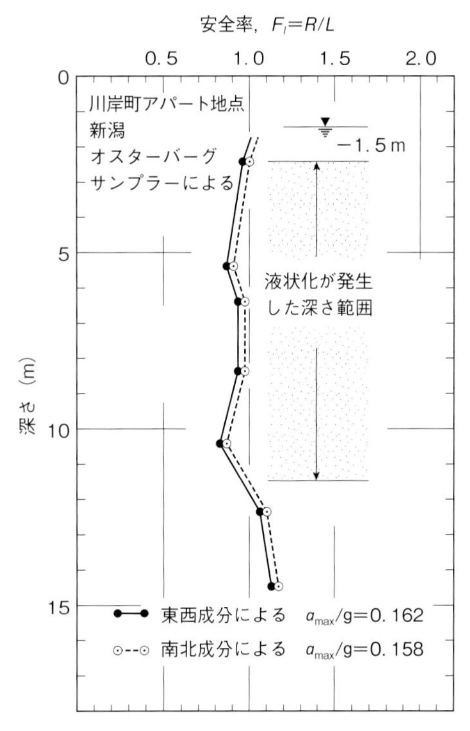

図 8.5 不撹乱試料に対して行った室内繰り返し三軸試験の結果に基づく，安全率の深さ方向分布

まで N 値が 2～15 程度のゆるい砂層が存在していることがわかる．これと並行して別のボーリング孔を掘り 2 種類のサンプラーを用いて不撹乱試料の採取が行われた．1 つは直径 30 cm の大口径鋼製チューブをボーリング孔底から下向きに押し込んで大きな砂のかたまりを引き揚げる方式で，図 8.3 に示すごとく 9 か所の深さからサンプルが採取された．もう 1 つは直径 7 cm の鋼製チューブを押し込むオスターバーグ式のピストンサンプラーであり，7 か所の深さからサンプルが採取された．これらの不撹乱試料のうちで，後者の方式で得られた不撹乱試料に対して行われた繰り返し三軸試験の結果が図 8.4 に示してある．供試体内の間隙水圧が 20 回の繰り返し荷重で 100% に達したときと，両振幅の軸ひずみが 5% 発生するのに必要な応力比（液状化応力比）は 0.15～0.2 の範囲にあることが図よりわかる．この実験で得られる R_L の値を式（7.14）に代入するとただちに液状化抵抗値 R が求まる．一方で，観測された加速度のピーク値を式（8.4）に代入すると，外力 L が求まる．その比をとって定めた安全率 R/L の値を深さ方向にプロットしたのが図 8.5 である．このような解析結果より，新潟地震の際に川岸町アパートの地域では，深さ 2 m から 11 m ぐらいの区間で F_l が 1.0 以下になっていて，液状化が発生していたことが示されるのである．

以上は不撹乱試料に対する室内試験から直接液状化強度を求めて行った解析の例である．前述した N 値から液状化強度を推定する方法に比べて，精度か高いのは当然であるが，不撹乱試料を採取するためにはコストがかさむので，特別に重要なプロジェクトにおいてのみこの方法は使われる．

9 液状化の結果生ずる平坦な地盤の沈下

Mechanism of the Ground Settlements Resulting from Liquefaction

平坦な場所では，液状化により噴砂・噴水等の地表面の変状，そして地盤の沈下が生ずる．ここではそのメカニズムについて解説する．

地震時の液状化については，(1) それに至るまでのメカニズムを含めた発生の有無，そして (2) それが発生して被害をもたらすときの特徴やその程度，つまり，液状化発生自体とそのもたらす結果に関する課題の2つを分けて別々に考察することが望ましい．前章までは主に発生について述べてきたが，本章以後では液状化が発生した後に生ずる現象，つまりその結果について考えてみることにする．

9.1 液状化発生後の間隙水圧の変化

水平な地盤内で液状化が発生した場合，地震動がおさまった後，数十秒から数分で見られるのが噴砂・噴水である．この発生のシナリオを以下考察してみることにする．通常の地盤では踏み固められた礫や石などを含む，いわゆる表層が1〜3 m の厚さで存在するが，これは液状化しないと考えてよい．この厚さを H とする．この下部に液状化しうる砂層が H_2 の厚さで存在すると考えてみる．このように土質柱状を単純化して深さ方向の応力分布を示したのが図 9.1(a) である．これは地震が生ずる以前の鉛直方向の応力分布を有効応力 σ_v' と静水圧分布 u_{st} に分けて示したものである．この静水圧は地震の前と後とを問わず同じものが同じ分布で存在するので液状化には関係ないと考えてよい．そこでこれを除去して，液状化により過剰

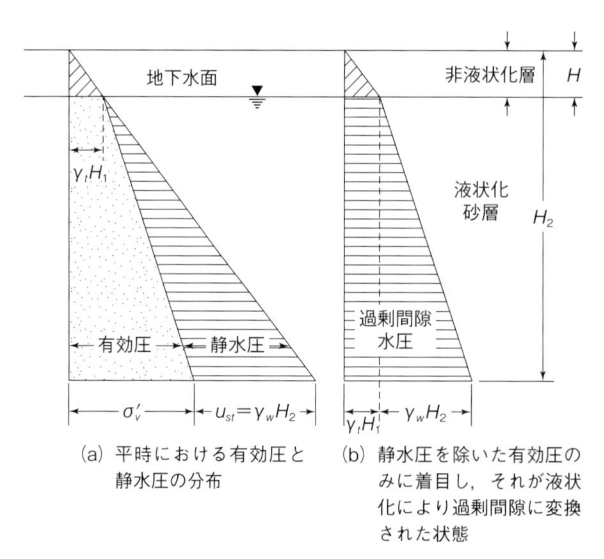

(a) 平時における有効圧と静水圧の分布

(b) 静水圧を除いた有効圧のみに着目し，それが液状化により過剰間隙に変換された状態

図 9.1 初期の有効圧が液状化により過剰間隙水圧になることの説明図

間隙水圧に転換される有効応力の部分のみを取り出して示したのが図9.1(b) である．地震後では，表層の土の重み全体がその下の液状化部分の間隙水圧に伝えられるので，図に示すごとく深さ H における間隙水圧は $\gamma_t H$ となる．ここで γ_t は表層の土の単位体積重量で $\gamma_t \fallingdotseq 1.9$〜$2.2\ \mathrm{t/m^2} = 19$〜$22\ \mathrm{MN/m^2}$ の値をとる．

さて，地震動で発生した過剰間隙水圧（以下単に間隙水圧と呼ぶ）の分布に着目すると，液状化した後それはどのように変化するのであろうか．これは，(1) 上部から非液状化の表層に向かって消散しようとする部分と (2) 液状化した砂粒子の沈降によって底部から徐々に低減する部分の2つに分かれると考えてよい．前者は地表面での噴砂・噴水として現れ，後者は地盤全体の沈下として現れると大まかに考えてよいので，この2つを分けて，以下別々に考察してみることにする．

9.2　噴砂・噴水について

以上2つの水や砂の動きの中で噴砂・噴水に関与するのは表層直下からの水の上向きの流れである．これは下部の飽和層から表層の不飽和層に向かう浸透流なので複雑であるが，単純化して考えてみることにする．

a.　ダルシーの法則

その前に，土中の水の流れを規定するダルシーの法則について説明する．これは一口でいうと，浸透流の流速 v が動水勾配 i に比例するということで，以下の式で表される．

$$v = k \cdot i \tag{9.1}$$

ここで k は透水係数と呼ばれる水の流れやすさを表す土固有の定数である．また i は動水勾配と呼ばれるもので浸透流を促進する起動力に相当し，以下のように定められる．いま，図9.2(a) に示すように全体の長さが $L = l_1 + l_2 + l_3$ のパイプに土を詰めて，両端の出入口に h だけ水位差（水頭差）を与えたとしよう．水は A′ から B′ に向かってゆっくり浸透して流れるが，このときの動水勾配は

$$i = \frac{h}{L} \tag{9.2}$$

で定義される．よってパイプの断面積を A とすると，式 (9.1) より単位時間内の流量 Q は，

$$Q = v \cdot A = k \cdot i \cdot A = k\frac{h}{L}A \tag{9.3}$$

として求まる．ここで，透水距離 L の定め方には注意する必要がある．たとえば，土を詰めたパイプが図9.2(b) のように曲がっているとしよう．この中を水が浸透するときの水頭差 h は図9.2(a) と同じであるが，透水距離 L が大きいので，i の値が小さくなり，よって透水量

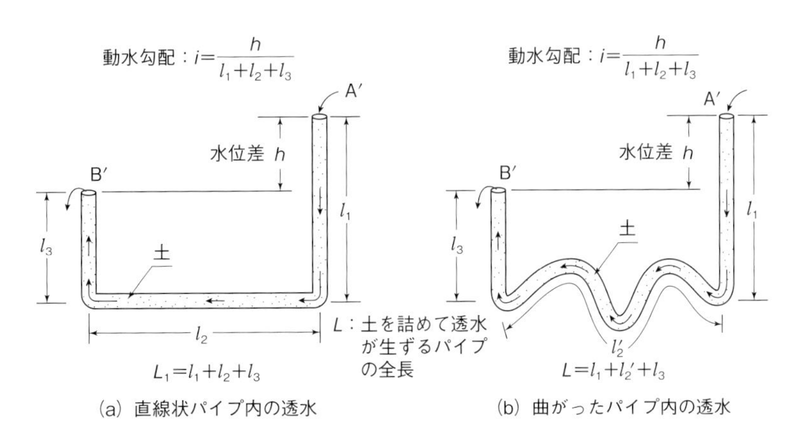

図9.2　ダルシーの法則における導水勾配 i の定め方

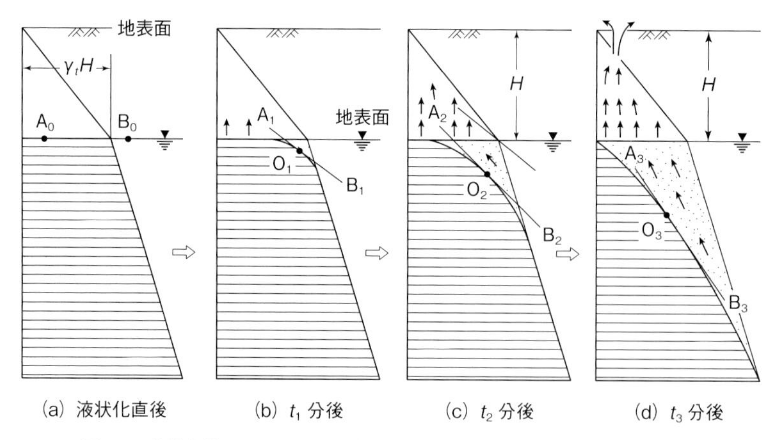

図 9.3　液状化後における上方に向かう水の浸透による過剰間隙水圧の低下

Q は少なくなる．

次に，h が増えるか L が減るかして動水勾配 i が相当大きくなった状態を考えてみよう．このとき，式（9.1）に従って浸透流の速度は大きくなるが，これがある限界値に達すると，土中に小さい孔ができたりしてパイプの中の土が崩壊し出口 B′ で外部へ噴き出してくる．この限界値は限界動水勾配といい i_c で表されるが，きれいな砂の場合，i_c=0.9～1.0 の値をとる．シルトや粘土などでは，i_c の値は相当大きくなり千差万別であるが，i_c は 10～50 ぐらいの値を取ることもある．

b.　噴砂・噴水の発生

さて，以上の考えに基づき，液状化による地表面の噴砂・噴水を概念的に説明すると図 9.3 のようになる．液状化発生直後の過剰間隙水圧（静水圧は除く）の深さ方向の分布が図 9.3(a) に示してあるが，これは図 9.1(b) と同じものである．地下水面のすぐ上の点に着目すると，そこでは土がまだ不飽和であるため，鉛直かぶり圧は $\gamma_t H$ であるが，水圧はゼロである．一方，地下水面直下の点では土は水で飽和されているので，ここの鉛直かぶり圧 $\gamma_t H$ の全部が液状化した間隙水で支えられているので，これは水圧として作用している．したがって，この地下水面を跨いだ非常に短い透水距離の部分に関しては，大きな水圧の変化があるため，動水勾配は無限に近く大きいといえる．よって限界動水勾配 i_c を超えているため，何らかの形で土の崩壊が生じ，水が上方に流れ始めてくると考えられる．

次にある程度の時間 t_1（≒0.5～1 分）が経ったときの状態を考えると，水は上部へ浸透し，たとえば図 9.3(b) の O_1 の点に着目すると動水勾配は相当低下して A_1B_1 のような勾配となるであろうが，相変わらず i_c 以上なので，水は上方へ流れ続ける．さらに t_2（≒1～2 分）時間経過した後を考えると，たとえば図 9.3(c) の点 O_2 に着目したとき動水勾配は A_2B_2 の傾きで表される．相当低下するが相変わらず i_c 以上なので水は地表面に向かって流れ続ける．最終的に水の流れが地表面に達すると，図 9.3(d) のようになり水は噴砂・噴水となって地表面にあふれ出すことになる．第 1 章で述べたように原因は何にしろ，噴砂・噴水は突発的に発生することが多いが，それは動水勾配が高く，限界値に達して速い水流が発生するためである．噴砂・噴水により，地表面は若干沈下することとなる．図 2.1 はこのようなシナリオを示しているといえよう．

以上は地表層が一様な理想的状態を考えたのであるが，実際には不均一に砂や礫が複雑に混じっている地表層の弱点を通って上記のシナリオが進行するので，地表面で見られる噴砂・噴水は点状であったり，線状であったりいろいろな様相を呈する．この模様が図 2.2 に示されている．表層を貫通した液状化砂の痕跡は掘削により多く発見されているが，その1つを示したのが，図 1.1 である．噴砂が地表に現れるかどうかは，表層の厚さとか下からの動水圧の大きさに依存している．表層厚さが薄く，かつ液状化が深くまで大規模に生じた場合，表層を突き破って，大きな噴砂口が生ずることもある．図 11.3 に示したのは，1964 年の新潟地震の際に川岸町の体育競技場周辺で生じた巨大噴砂であるが，その直径は 5 m にも達した．

9.3　液状化した砂の沈降

液状化が発生して間隙水圧分布が図 9.1(b) のようになった直後から，砂の沈殿が始まる．これについて説明をしたのが図 9.4 である．沈積は底部から発生し，上方へ進んでいく．底部の砂粒子が沈降して，それがたとえば A_1 の深さまで達したときの状態が図 9.4(b) である．これより下部では，既に粒子が沈降し接触して堆積しているので，有効応力は図 9.4(b) の $A_1B_1C_1$ の部分で表され，残りがまだ残留している過剰間隙水圧となる．この段階で，点 A_1 より下方の砂粒子は沈殿しているので，液状化する前と比べてある程度体積が収縮している．この収縮量に相当する間隙水は上方へ少しずつ抜け出してくる．そしてその分だけ上方の非液状化表層は一体となって沈んでくるので，沈下が地表面に現れてくる．この沈降のプロセスの進行に伴って低減する過剰間隙水圧の減少量 Δu_r と有効拘束圧の増加量 $\Delta\sigma_v'$ は同じなので，どの深さにおいても

$$\Delta\sigma_v' - \Delta u_r = 0 \qquad (9.4)$$

の関係が成り立つ．十分に時間が経つと，砂粒子の沈降が地表の非液状化層直下にまで達し，過剰間隙水圧は最終的に図 9.4(d) のような分布となり，沈降は一応完了する．この間，先の 9.2 節で述べた地表面に向かう透水と透水破壊が噴砂・噴水の形で，同時平行して生じている．そして，十分時間が経過すると，表層の荷重 $\gamma_t H$ も砂の粒子間応力つまり有効圧で支えられるので図 9.4(e) の状態になると考えてよい．これは図 9.1(a) と同じ状態である．

以上は想像できる理想的シナリオであるが，詳細はもっと複雑ではっきりわからないといってよい．しかし，最終的には過剰間隙水圧は全部地表面から抜け出て，図 9.4(e) のように有効応力が回復し，最後に地表面沈下が残る，という風に考えておいてよかろう．

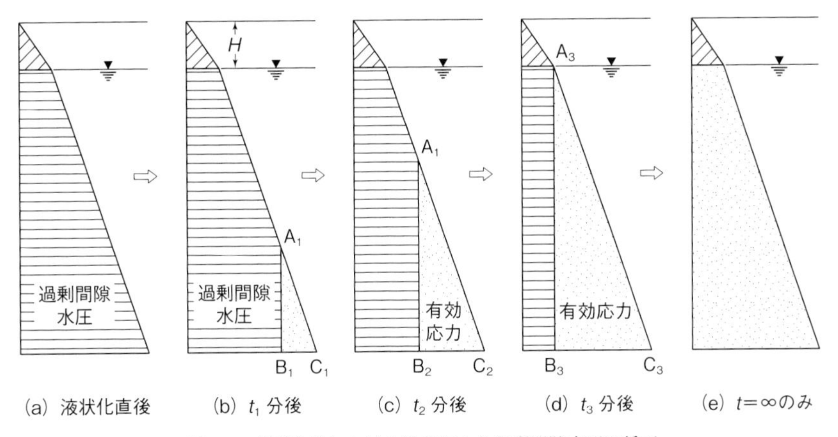

図 9.4　液状化後における沈殿による過剰間隙水圧の低下

9.4 地盤の沈下

以上，大きな動水勾配によって表層を通して砂が噴出されること，そして内部の液状化した砂の沈降によって沈下が生じることを述べた．砂の噴出によっても沈下は生じうるが，いままでの経験によると，この2つの原因のうち，表面噴出による沈下はわずかで，大半の地盤沈下は沈降に帰因するものと考えてよい．これを予測するためには，表層より下の砂層の厚さと沈殿時の砂層の体積ひずみ（収縮率）を知る必要がある．これについて詳細な考察は割愛するが，きれいな砂で鉛直方向体積ひずみが3～5%，細粒分を30%程度含んだ砂で5～10%ぐらいと考えておいてよい．よって，5m厚さの砂層があるとした場合，液状化した後の沈下量は，きれいな砂で15～25cm，30%の細粒分を含んだ砂で，おおよそ20～50cmぐらいと考えてよいであろう．

詳細については参考文献[9]を参照するとよい．

9.5 再液状化の発生の有無

一度液状化が起こって砂層が収縮すると密度が増えて締まってくるので，次の地震では液状化が生じにくいのではないかという質問はよく出てくる．これに答えるために，一度液状化した砂が沈降する模様を考えてみよう．図9.4に示した砂の沈殿は，これらの土がその地に洪水などの流水で運び込まれて堆積したときと同じ状態で液状化後も静かに沈殿したと考えられる．このことより，一度液状化した砂層地盤は次のほぼ同じ大きさの地震によっても再度液状化を生じると考えてよい．このことは室内実験でも確認されており，もっと一般に2，3度液状化しても砂の強さは余り増加せず，再液状化は相変わらず発生しうると考えてよい．

実際の地盤では，液状化が生じてもその後の砂の沈降再堆積は，図9.4に説明したように理想的には生ぜず，わずかなシルトや粘土の存在によって不完全に起こるので相変わらずゆるい締まり状態のままであると考えられる．液状化後の砂の沈降による砂の密度は若干増えると考えられるが，この沈降の模様は最初に砂が堆積したときの様相とほぼ同じである．よって，わずかな密度の増加よりも，再沈降の際の堆積環境の方が，より液状化を生じやすい要因になっていると考えられるのである．

10 地表面の変状と側方流動

Features of the Ground Damage and Lateral Flow

液状化による被害は地表面での地割れや噴砂・噴水として現れる．ここでは液状化しない地表面のかたい土層とその下の液状化層との関係について考えてみる．さらに水平方向の土砂流動について，実例を紹介することにする．

第9章で述べたように，地震時の震動が大きくなると，式(8.5)で求まる安全率 F_l の値が 1.0 以下になって液状化が生じることになる．ところで現実の地盤内では，種類や密度や厚さが異なるいろいろな土が層状に堆積していて，その全体構成はきわめて複雑である．よって，ある深さの砂が液状化すると判定されても，その砂層が深かったり，その厚さが薄かったりすると地表面にその影響が及んでこない．したがって，地表近くの一般家庭などでは被害が生じない．よって重要なのは液状化の発生自体ではなく，それがもたらす結果ということになる．

一般に液状化という名の下に知られているのは，その結果がもたらす被害のことである．したがって，その“発生”と“結果”は区別して考察する必要がある．この中で，“発生”については第8章で詳述したので，以後，液状化の“結果”について考察することにする．

10.1 地表面の変状や被害の有無

液状化による被害の有無やその程度は相当複雑であるが，単純化できる場合を以下いくつか紹介してみることにする．最も簡単で重要なのは建物や埋設物の安全性につながる地表面付近の地盤の破壊変状であろう．このことを推定するために，次のような方法が用いられる．

これは土層構成を，地表面近くの液状化しえない土層と，その下に存在する液状化する砂層とを，大きく2つの層に分けて考える近似的方法である．表層近くの非液状化層の厚さを H_1 (m) とし，その下の液状化層を H_2(m) としてみる．これを決めるのには図 10.1 に示すように，地下水面の深さに応じて大別して3つの場合が考えられる．

(1) 地表面から砂層が堆積している場合には図 10.1(a) に示すように地下水面の深さ

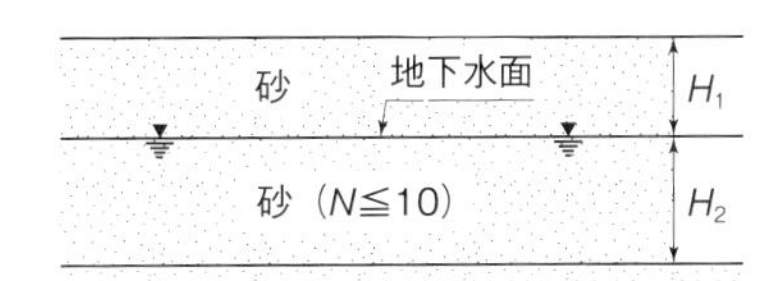

(a) 地表面まで全体が砂である場合

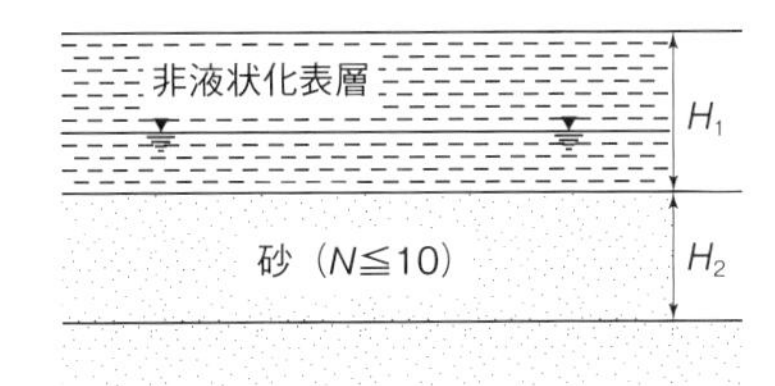

(b) 地表の非液状化層内に地下水面がある場合

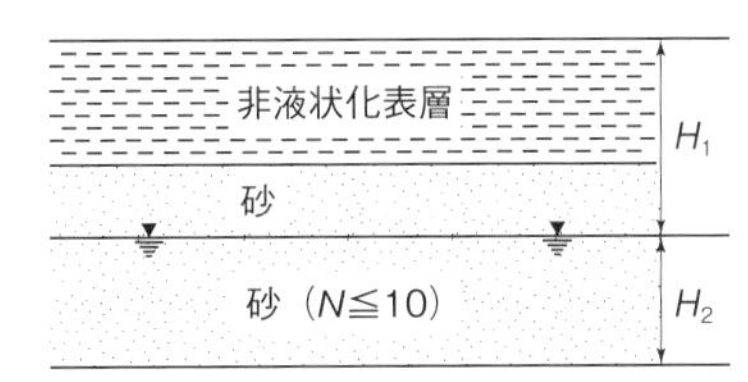

(c) 地表の非液状化層より下部に地下水面がある場合

図 10.1 地表の非液状化層厚さ H_1 とその下の非液状化層の厚さ H_2 を定める方法

に着目し，これより浅い所の砂層は不飽和であるので非液状化層とみなし，それ以下の砂は液状化層とみなして，それぞれH_1とH_2を定める．この場合，1つの目安として液状化層H_2のN値は10以下とする．

(2)　図10.1(b)に示すように，地表面近くの非液状化層が厚く，地下水面がその内部にある場合でも，地表層の厚さ全部をH_1，それより深い所の$N≦10$の部分を液状化層H_2とみなす．

(3)　地下水面が深く下部の砂層中にある場合，図10.1(c)に示すように，地下水面より下にある$N≦10$のゆるい砂層の厚さをH_2とし，それより上部の土層は全部H_1とみなす．

次に，以上の方法を適用した具体例を紹介してみることとする.大きな地震が生じた後,ボーリングによって土質柱状がわかっている場所に行き，目視で地表面に噴砂・噴水や地割れなどの痕跡があるかないかの調査を行う．次に，その地点の地盤調査結果を上記のルールに当てはめ，図10.1を参照してH_1とH_2の値を定める．

1983年5月26日に発生した日本海中部地震(M7.7)の際には，秋田県の男鹿半島や八郎潟を含む秋田市と能代市周辺の広範囲な地域で液状化による被害が発生した．そして，地震後多くの地点で地盤調査が行われた．それらの結果を上記の方法で取りまとめて図示したのが図10.2である．この図で，縦軸には液状化したと考えられる下部の砂層の厚さH_2が，そして横軸には液状化しえないと考えられる表層の厚さH_1がプロットしてある．この図において液状化の痕跡が地表面で見受けられた地点のデータは“•”で示してあり,痕跡が発見できなかった地点のデータは“◦”で示してある．たとえば図10.2においてAで示した地点では，非液状化の表層が$H_1=2$ mで，その下の液状化層は$H_2=5$ mの厚さであったことを意味している．このようにデータを表示してみると，黒印が集まっている領域と白印が存在する領域を分割する1本の曲線を引くことが可能になる．この2つの領域を分割する曲線より上部にH_1とH_2の点が存在するような地点では液状化の影響が地表面に及び，そこにある家屋とか埋設物は液状化の被害を受けることを意味している．そうではなく，この曲線より下方にH_1とH_2がプロットされるような地点では液状化の被害が地表付近では生じない，ということを図10.2の曲線は示している．

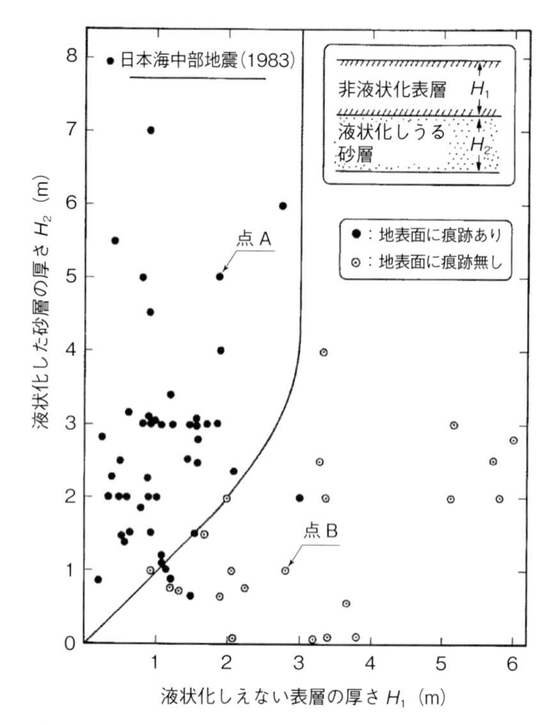

図10.2　地表面に被害が現れるか否かについての，液状化しない表層の厚さH_1とその下の液状化した砂層の厚さH_2との関係

再び，点Aに着目してみると，このような地点では下部の液状化層の厚さが十分大きいので，9.2節で説明をしたような過剰間隙水の上方への移動が生じる場合，動水勾配が十分に大きい状態となり押し上げる力が大きいこと，それに対し表層厚さが薄いので容易に噴砂・噴水の貫通を許して地表層を破壊したことがわかるのである．

また点Bで表せられる状態を考えると，液状化層が H_2＝1.0 m と薄く，それに対して非液状化表層は H_1＝2.7 m と相対的に厚いため，下部の水圧の押上げ力が不足して水が表層を貫通することができず，地表面には破壊が到達しえないことがわかる．

以上は日本海中部地震のときの例であるが，この地震による震度は5.5～6.0程度で各所の測定データより推定して地表面の水平加速度は200～300ガル（重力加速度の20～30%）程度であった．最近の巨大地震では500～1,000ガルの加速度が記録されることも珍しくない．このような大きな地震力が生じる場合には，より厚い表層が存在しても下部の液状化層の強い押上げ力により，地表に液状化の被害が出現することになる．よって図10.2に示す限界曲線は異なったものになる．このような強い地震力に対して適用できる液状化被害の有無を分ける同様な意味をもつ限界曲線を，他のもっと強大な地震結果に基づいて作成し，それを一括して示したのが図10.3である．これにより，ある想定される地震動に対し，液状化の悪影響が地表近くに現れるか否かを判定できることになる．図10.3の曲線で示す関係が実用上よく用いられるのは，次の2つの場合である．

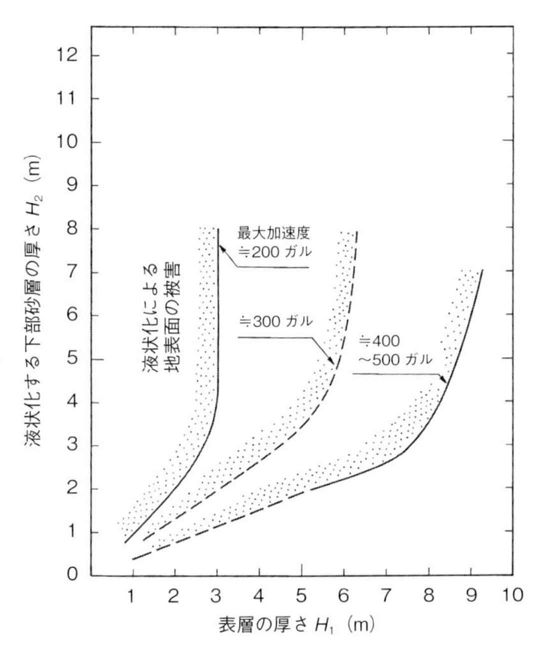

図10.3　地表に液状化の影響が現れる H_1 と H_2 の間の関係

(1) 液状化の地域分布図作成　　最近では多くの市町村が地震時の液状化発生の有無を地図上に表示して公布している．これは液状化マイクロゾーネーションマップとも呼ばれる．これを作成するときには多くのボーリングデータを集めて上記のように地表面で液状化が顕在化するか否かを決める必要がある．そのために図10.3に示すルールがよく用いられる．

(2) 地盤の締固め安定化の深さの決定　　液状化被害があると判定された地点では，必要に応じて地盤を締め固めるなどの安定化処理工が採用されるが，そのときの深さを決めるのはコストに関連してきわめて重要である．この場合にも，図10.3の H_1 の値が参考としてよく用いられる．

10.2　液状化による地盤の水平変位と側方流動

前章では液状化による噴砂と地盤沈下について考察したが，これらはいずれも鉛直つまり上下方向に発生する現象であった．しかし，さらに重要なのは水平方向の地盤の変位と流動である．これは広い水平地盤では生じないが，少しでも傾斜していたり，高低差があったり，あるいは建物や盛土の荷重などで地盤内に横方向の力が加わっている場合には，水平変位を伴って大きな被害をもたらす．

この側方流動が生ずるメカニズムとその条件については5.5節で詳しく説明したとおりである．古い沼沢地や河岸に砂質土を運んで埋め立てたりした場所は砂の密度が相当低いことが多い．また風で運ばれた風積土なども，密度がきわめて低くゆる結めである．このような場所で生じた，液状化に伴う土砂流動について以下2つの例を紹介してみることにする．

a. タジキスタン共和国の大規模土砂流動

中央アジア南東部にタジキスタン共和国があり，その首都はドゥシャンベである．この都市の南西20 kmのギサール村という場所で，1989年1月23日にM 5.5の中規模の地震が発生した．この位置は図10.4に示してある．記録された最大加速度は120ガルで小さく，土壁の素朴な住居も無被害であった．しかし，液状化した地盤が側方流動を始め，大きな被害をもたらしたのである．その規模は長さ1.5 km，幅800 mの地域で，約10 mの深さまでの地盤が液状化し，低地に向かって約100万 m^3 の大量の土砂が1.5 kmにわたって流出した．その結果，下流の村落の家屋が埋没し，220人の犠牲者が出るという大惨事となった．この模様を上から眺めると図10.5のようで，この写真の右上から左下に見える村落に向かって地盤が流動した．

この地域は半乾燥地帯で，地盤は氷河期（約2万年以上前）から永年にわたって東欧あたりから風によって運ばれたレス（Loess）と呼ばれる風積土から成り立っている．土の粒子は大

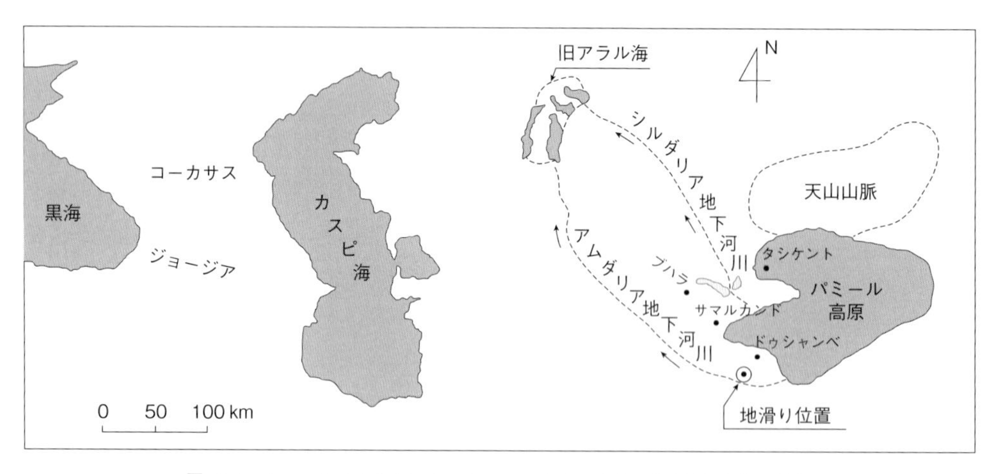

図10.4 タジキスタン共和国ドゥシャンベ近郊で生じた流動性地滑りの位置

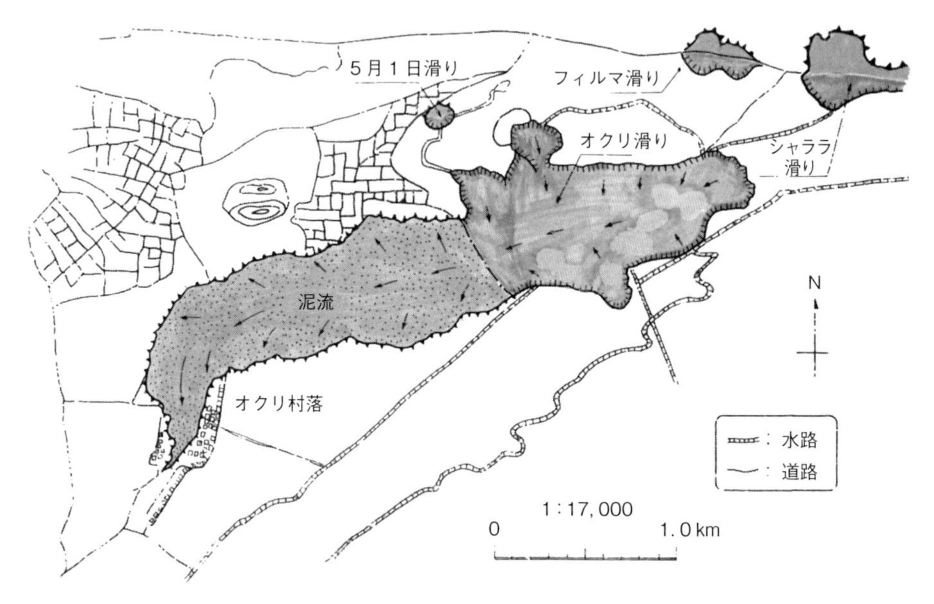

図10.5 タジキスタン共和国ドゥシャンベ近郊の大地滑り

半がシルトで図 7.2 の左端の境界に位置する粒度分布をもっているが塑性指数はきわめて小さく，非塑性土に属し，水を含むとさらさらとして，流動しやすくなる土である．この地域は半乾燥であるため，針のような細かい根をもつ小さい草木が点在しているが，永い堆積の期間にわたって根が残存し，土中にはその腐食後の痕跡が無数の空隙として存在している．その大きさは 1 mm 以下の微小なものである．

ところで，この地域には図 10.4 に示すようにアムダリアとシルダリアと呼ばれる地下河川が流れている．これは東方のパミール山脈や天山山脈の雪解け水をそれぞれ水源としており，地下を通って西方のアラル海につながっている．ところが 1960 年代から，旧ソ連の農業政策で，この地域で綿花の栽培が奨励され，多くの灌漑用水路が網目状につくられた．これらは幅 2〜3 m，深さ 2 m 程度の断面をもっているが，コンクリートで簡単に表面が覆われているか，地肌が露出している部分もある簡単な水路である．いずれにしても，大量の水を汲み上げて灌漑用に用いていた．しかし，水路の亀裂や非被覆部を通して相当量の水が浅い部分の地下に漏洩していたのである．この水は上記のような風積土独特の微小な空隙に入り込み，深さ 10〜15 m までの地盤は水で飽和されていた

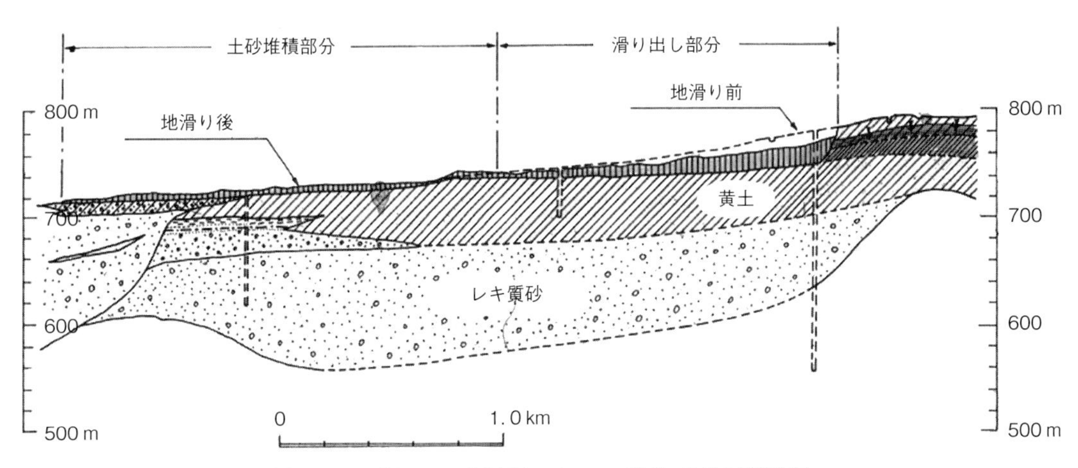

図 10.6　ダジキスタン共和国ドゥシャンベ近郊の地滑り縦断面図

図 10.7　ドゥシャンベ南西にあるギサール村で埋没した家屋

と考えられる．このような状態で地震が生じたので，広範囲にわたって液状化が発生し，その泥土が大量に流動したのである．その結果，1.5 km も下流にある村落に大量の泥流が押し寄せ大きな被害をもたらした．図 10.7 は流動した土砂が埋没した民家の模様を示している．ちなみに，この地滑り地の縦断面が図 10.6 に示してあるが，流動が発生した上流部（図の右側）の地表面勾配は，わずか 3/1,000 程度であり，ほとんど水平な地盤とみなせる場所である．このような所でも大きな流動が発生しうるのは，注目すべきことである．

b. 北海道北見市郊外の端野（たんの）地区における土砂流動

2008 年 9 月 11 日に北海道の南東部の海底に震源をもつ M 7.1 の十勝沖地震が発生した．近くの十勝平野で河川堤防が崩壊したり，苫小牧で石油タンクに火災が発生する被害が生じた．何とも異常であったのは 200 km も震源から離れた北見市郊外にある端野（たんの）地区の畑地で液状化が生じ，噴砂が流動し，500 m ぐらいの下流まで農業用水路を伝って流出したことである．この位置が図 10.8 に，この模様を空中から眺めた写真が図 10.9 に示してある．また，地表の畑地から眺めた緩勾配の畑地の陥没状況が図 10.10 に示してある．この近傍で記録は得

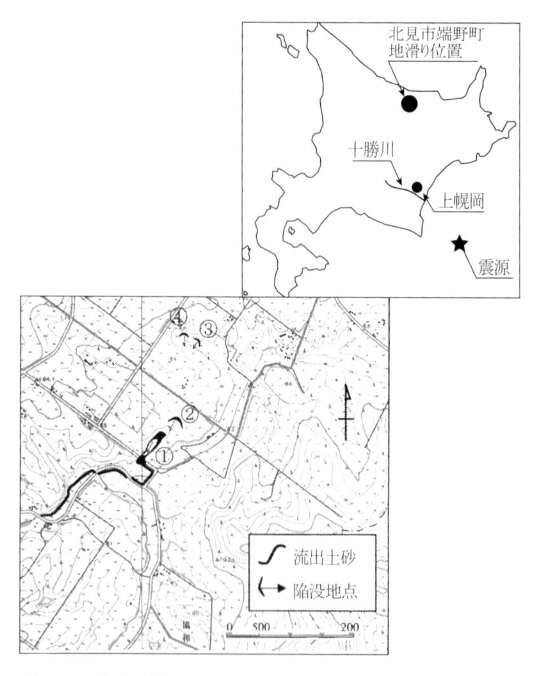

図 10.8　北見市端野町において十勝沖地震（2008 年）で水平流動が生じた地点

図 10.9　空から見た端野町の水平流動（左部の白いところが流出部，右部が陥没部．鈴木輝行，伊藤陽司，山下 聡氏提供）

図 10.10　下流側から眺めた端野町地滑りの陥没部（図 10.8 の地点①）

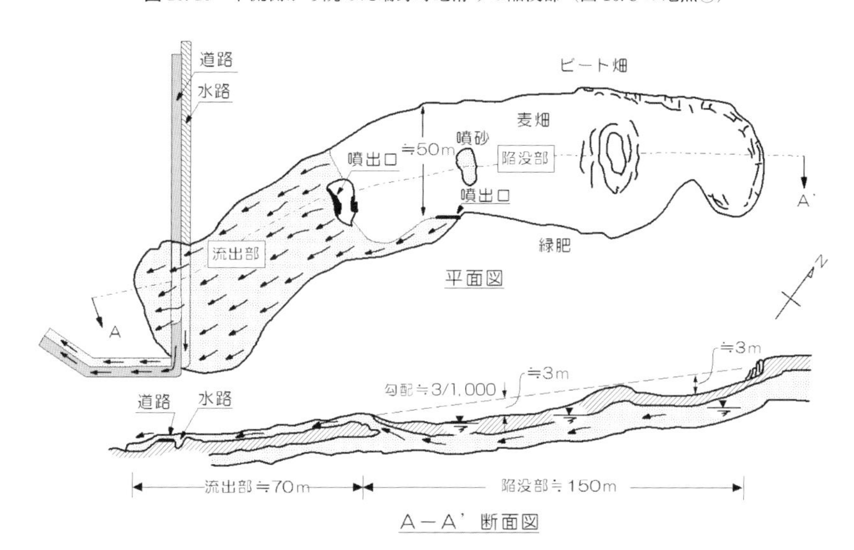

図 10.11　陥没地域の模式図

られていないが，最大加速度は 120～150 ガル程度と推定される．この地区の縦断面図を描くと図 10.11 のようになる．これからわかるように地表の勾配は 3/1,000～5/1,000 程度で，ほとんど平らな畑地である．ここは以前，沼地か池であった所を周辺の砂質土によって埋めた場所であると想定される．この地点ではスウェーデン式の貫入試験が行われたが，その結果からも，きわめてゆる詰めの砂が堆積しており，地下水面も 1.0 m ぐらいの浅い位置にあったことがわかっている．

Column 5 ◆ アラル海の縮小と液状化被害との関連

中央アジアのカザフスタンとウズベキスタンにまたがる地域に，アラル海という内陸塩湖がある．近年，この湖の水圧が低下し，1960 年代には世界第 4 位の面積であったが，一挙に 10 分の 1 以下の大きさに縮小されてしまった．渇水後の湖底には，いくつかの船の残骸が放置され，風によって砂漠となった周辺の地域は不毛の地と化し，住民の健康被害を含む，大きな環境問題を提起している．この湖には天山山脈から流れるシルダリア川と，パミール高原を水源とするアムダリア川が図 10.4 に示すように地下河川として住民に水を供給していた．

ところが旧ソ連時代に，大規模な農業政策により，大量の地下水が汲み上げられた．そのためにタジキスタン共和国で大きな液状化被害が出たことは 10.2 節で述べたとおりである．したがって，この地での液状化被害は，綿花栽培の負の遺産であり，さらにアラル海の干上りと砂漠化の環境問題と深く関係しているといえる．

コラム図 アラル海の水位低下による湖底の砂漠化と残された船の残骸

11　構造物や盛土の被害

Damage to Structures and Earth Fills

液状化による被害の多くは，地上・地中の構造物や，盛土や造成地などの土構造物で生ずる．これらの実例を挙げ代表的な被害の模様を考察してみる．

前章ではほとんど平坦で水平な地盤を対象にして液状化がもたらす被害の模様を説明した．次にこのような地盤上または地盤内に人工構造物施設がある場合，どのような悪影響が発生するのか，について考察してみることにする．

11.1　新潟地震での液状化

液状化は自然現象で，人間の活動に関係なく発生するので古くから天災と呼ばれてきた．最近ではこれをハザードということが多い．一方で，人間の活動が盛んになると種々の住居や施設が作られる．これら人工物に及ぶ被害は人災といえるが，最近ではリスクとも呼ばれている．液状化の影響が人間の社会生活に及ぼす大きな脅威として，驚きをもって深刻に認識されたのは，1964（昭和39）年の新潟地震のときであろう．新潟市は江戸時代，日本海航路の拠点の1つとして栄え，信濃川河口には港があり，市内は網の目のように堀と川が張りめぐらされた水運都市であった．しかし戦後，これらはしだいに埋め立てられ，自動車の普及とともに道路に転換された．埋立ては人力や土運車が主で，用いられた砂質土は締め固められておらず，ゆる詰め状態であった．そして，1957年に市の中心部で大火災が発生したため，その復興を含めて市街は急速に近代化され，大型建物や長大橋，上下水道などの諸施設が整備されたのである．このようにしてすっかり近代都市に模様がえした新潟を襲ったのが1964年6月12日の大

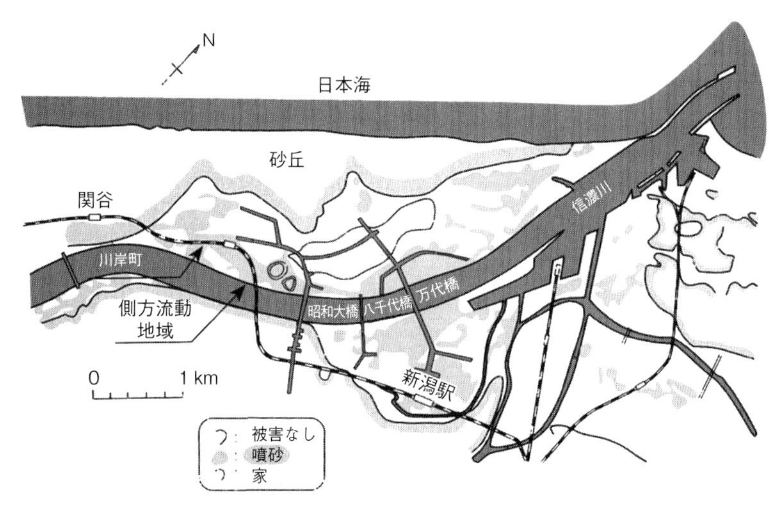

図11.1　新潟地震（1964年）による新潟市街地の液状化分布

地震であった．そして空前の大規模な液状化により都市が潰滅状態となり，無残な姿に変貌してしまったのである．このことが液状化現象の重大さが広く認識されるきっかけとなった第一の理由である．

第二の理由としては，信濃川河口に位置する新潟市周辺が，日本でも珍しく砂が卓越する地盤から成っていることである．図11.1は，地震が起こった当時（1964年）の新潟市の地図に，液状化被害の著しかった地域を薄い灰色によって示したものである．これより，信濃川河口周辺の埋立て地に被害が集中している様子がわかる．また日本海側に横たわる砂丘地帯では液状化が生じていないこともわかる．これは，砂丘の砂が一般に密に詰まっているためなのである．図11.2は，信濃川の河口を上流から眺めた空中写真であるが，左側手前は地震の直前に火災から復興した近代的な新潟市の誕生を記念して開催された国民体育大会の会場となった陸上競技場である．この白山地区は，江戸時代

図 11.2　信濃川の上流から河口を眺めた被害の様子（1964年の新潟地震，弓納持福夫氏撮影）

図 11.3　液状化による巨大な砂の噴出口

に船着き場があった場所で昭和の初期に埋め立てられた．よって地盤はゆる詰めの砂から成り立っており，大きな液状化被害を被った．このとき生じた巨大な噴砂口の跡が図 11.3 に示されている．また，図 11.2 の中央部に示すように信濃川を跨ぐ昭和大橋の桁は将棋倒しのように落下していることがわかる．

11.2 橋 梁 の 被 害

昭和大橋の被害を南東側から眺めたのが図 11.4 である．この橋の上流から横に眺めたときと，上から眺めたときの設計時の概略が図 11.5 に示してあるが，河底から約 20 m の深さまで鋼管杭が打設されていたことがわかる．河底の砂層の液状化によって第 6 番目の橋脚 P_6 は，完全に倒れて P_5 と P_6 の間の桁が河底に沈んでしまったのである．橋脚 P_6 の詳細図が図 11.6 に示してあるが，将棋倒しの元凶は桁が載っている橋脚の支承の部分の幅が 130 cm しかなく，橋が横に大きく動いたため，P_5 と P_6 に支えられていた桁が図 11.4 に示すように河底に落下してしまったのである．

図 11.4　新潟地震で倒壊した昭和大橋（南東より信濃川を眺める）

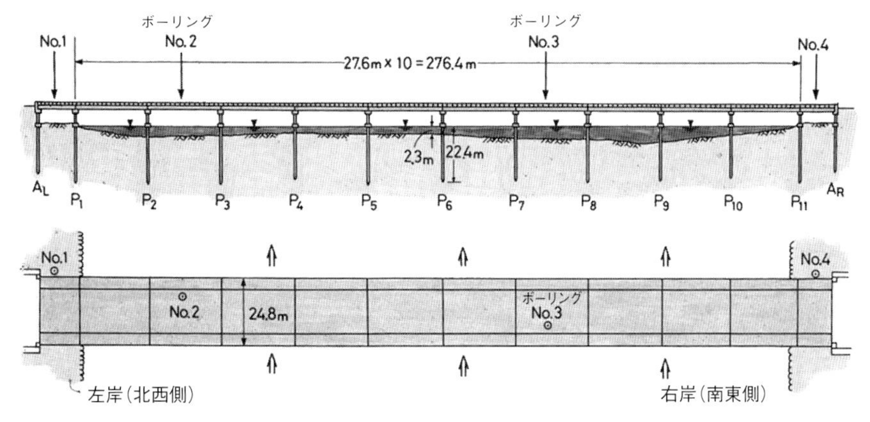

図 11.5　昭和大橋の概略図

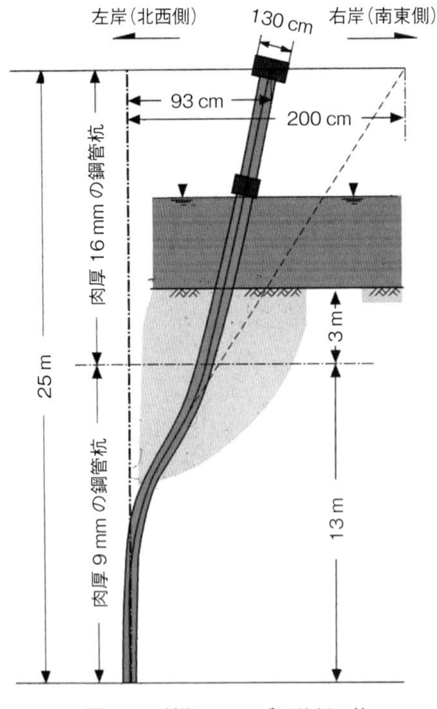

図 11.6　橋脚 P_6 の一番下流側の杭

11.3　建物の沈下や傾斜

a.　低・中層ビルの倒壊

液状化の被害の中で最も目立ち，かつ重大な影響を及ぼすのが建物の危害である．図 2.5 に示したのは，新潟地震のときの川岸町にあった 4 階建アパートの転倒，沈下である．これらは戦後建てられたもので，基礎は幅 1.5 m，深さ 1.0 m 程度の帯状の溝の中に砂礫や玉石を敷き詰め，その上にコンクリートを打設した簡易なものであった．基礎の下に広がる地盤はゆるい砂で地下水面は 1～2 m の深さで，その下に深さ 12～13 m までゆるい砂層が存在していた．新潟市はわが国では珍しく砂質土のみからできている河口平野に位置している．このため，液状化により多くの建物が傾斜・転倒したが，最も単純にそのメカニズムを説明すると図 11.7 のようになる．傾きは主として建物全体の重心のある方向に向いているが傾斜と同時に沈下も生じることになる．液状化した地盤内の土は，(1) 建物直下の上下方向に圧縮される部分，(2) 建物周辺の水平方向圧縮を受けて表土がもち上がる部分，そして (3) 圧縮される方向が変化する遷移部分，の 3 つの領域に大まかに分けることができよう．

これら 3 つの部分の土はいずれも，地震前の初期状態において，直交する 2 つの軸方向で異なる圧縮力（軸差応力）を受けている．さらに大きい軸方向には圧縮変位が生じ，小さい応力軸方向には伸張変位が生じるような状態にある．いま，この状態を第 3 章で述べた基本的土の変形特性の考察に返って考えてみると，上記の 3 つの領域のいずれにおいても，図 3.14 に示した，側方の変位を許容する等体積せん断の場合に相当することがわかる．このような砂の要素が繰り返し応力を非排水状態で受けると，図 3.14(d) に示すように，大きな残留変形が残るのが特徴である．このとき水圧は完全に初期の拘束圧に等しくならず，有効応力は残留するので厳密な定義に従うと，液状化とはいえない．しかし，剛性が大きく低下しきわめて変形しやすくなるので，図 11.7 に示すように土が大きく変形して，その結果建物が大きく傾くことになるのである．このような例は 1999 年にトルコで発生したコジャエリ地震のときにも見られた．イスタンブールより東方に位置するアダパザリ市で生じた 5 階建てビルが同じようなメカニズムで傾斜した模様を示したのが図

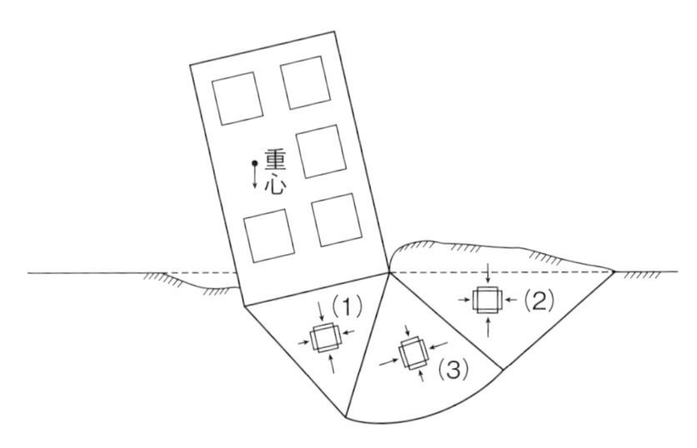

図 11.7　建物の傾斜・沈下による土中の応力状態

図 11.8 トルコ，アダパザリ市のビルの傾斜（トルコ国コジャエリ地震，1999 年）

11.8 である．

新潟地震（1964 年）以後，中高層ビルの基礎は強固な杭や締固めの普及で十分に強固に作られるようになった．よってわが国では以上に述べたような倒壊事故は，それ以来発生していない．

b. 一般家屋の被害

1964 年の新潟地震以来の度重なる大地震でも一般家屋の被害は生じていた．しかし，地域が限られていたり数が少なかったりして，大きく注目されたことはなかった．一般に，都市周辺の海岸に面した埋立て地や山間の低地を埋め立てた造成地では，地盤を締め固めて補強改良することは皆無であったといってよい．それは締固めなどの安定化改良をすると，造成のための経費がかさんで宅地の価格が相当に上昇すること，そして，宅地以外の道路や公園や緑地は液状化が生じても修復が容易なので許容できる，という理由からであった．よって 1960～1990 年代に販売に出された埋立て造成による宅地では，地盤改良がほとんど施されていなかった．このような事情の下で東北地方太平洋沖地震が生じたので，東京湾東側に位置する千葉県浦安市や千葉市臨海地域の住宅地は，広範囲にわたって液状化による被害を受けることになった．住宅の敷地内で液状化が発生すると，1～3 階の一般住宅では，大きな転倒よりも 10～50 cm の全体沈下や不等沈下が生ずる．そして壁の亀裂や扉の開閉の不具合が生ずる．また敷地周辺では上下水道の埋設管が浮き上がったり，曲がったりして破損するため，生活用水の供給と排水に障害が出る．とくに下水管の被害は修復に時間がかかるため深刻である．これはとくにマンホールの浮上によって管の継ぎ目が開口し，そこから液状化した砂が流れ込んで管を閉塞してしまうことによって生ずる．上水管やガス管の破損は建物への入口の段差によって生ずることが多い．2011 年の東北地方太平洋沖地震では数千軒にわたる家屋が液状化に起因して，大なり小なりの被害を受けた．このとき，一般住宅の沈下や傾斜の調査が大々的に行われたが，その中でたとえば千葉県の旭市で行われた結果を示すと図 11.9 のようになる．この図で横軸には周辺の道路などで沈下がゼロであったと考えられる地点から推定した個々の建

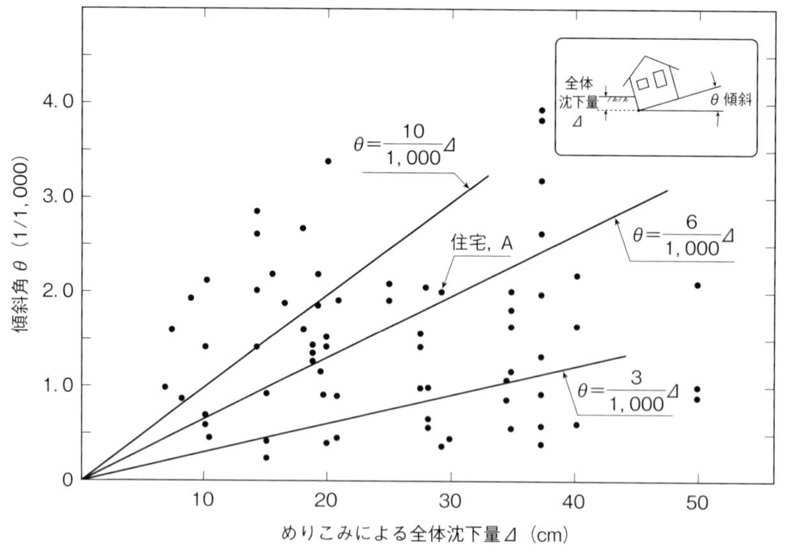

図 11.9　全体沈下量と傾斜角との関係（千葉県旭市）

表 11.1　液状化による住宅の被害程度

不等沈下 θ	全体沈下量 Δ	被害の判定	対処の必要性	居住者の居心地
3/1,000	10〜20 cm	少	基礎補強	居住可能
5/1,000	20〜40 cm	一部半壊	基礎補強	精神的不安定
6/1,000	40〜50 cm	半壊	地盤改良必要	精神的不安定
10/1,000	50 cm 以上	全壊	地盤改良必要	居住困難

物の全体的な沈下量（めりこみ沈下）Δ が示されている．そしてその建物の最大の傾斜 θ が縦軸に示してある．たとえば図中の点 A で示した住宅は全体沈下量が Δ＝29 cm，傾斜が θ＝2/1,000＝0.2% であったことを示している．この傾斜は 10 m 離れた 2 つの場所を考えたとき，2 cm の高低差があったことを意味している．図からわかるようにデータは相当ばらついていて，一律な関係はないといえるが，大まかに見て傾斜は全体沈下とともに増えると考えてよいであろう．このようなばらつきは，建物の基礎構造の詳細が多様であることや，地盤の不均一などが原因と見られる．不等沈下量は被害の判定や復旧対策の有無の目安として用いられる．この目安を示したのが表 11.1 である．これより，不等沈下が 3/1,000 以下の場合は地盤の対策を行わず他の方法で対処できること，被害の判定としては 5/1,000 程度で一部半壊，6/1,000〜10/1,000 で半壊，そして 10/1,000 以上になると全壊とみなされること，がわかる．

また 5/1,000 以上になると，個人差はあるが居住者の精神的不安定が生じやすいといわれている．また 5/1,000 以下では，復旧策として基礎のジャッキアップなどの簡易な手段で傾斜修正が可能であり，それ以上になると長期の対策として地盤改良などの補強が必要になる場合があるといえよう．

11.4　造成地や盛土の崩壊

道路や鉄道や河川堤防，そして人工造成地では外部から各種の土を運搬してきて積み上げる，いわゆる盛土工が多く採用される．盛土は一般に低地で行われその下の地盤は通常軟弱地盤で地下水面も地表近くの高い位置にある．よって地震時の液状化によって崩壊しやすく大きな被害をもたらすこととなる．

a.　谷を埋めた造成地

宅地造成などでは，丘陵の側面や山麓の間の中小の谷を埋めて造成地にすることが多い．これを模式的に描いたのが図 11.10 である．このような盛土は地震時の液状化によって滑り崩壊し，多大な被害をもたらした例が数多くある．液状化しやすい理由としては，(1) 砂質で盛土することが多く十分締固めが行われないこと，(2) 図に示すように，沢の水，地下水そして雨水の浸入によって，地下水面が上昇し，土が水で飽和されやすいこと，が挙げられる．この中で，地下水や沢の水は出口が特定できるので排水施設を整備することにより浸入を最小限にすることができる．適切な表面排水工を施せば雨水の浸入も防ぐことができる．

しかし，戦後の 1950～1990 年ぐらいの間に作られた造成宅地では，これら排水施設が作られなかったり，老朽化してその機能が働かなくなっているものが多い．よって，このような宅地での居住者は十分に注意する必要がある．図

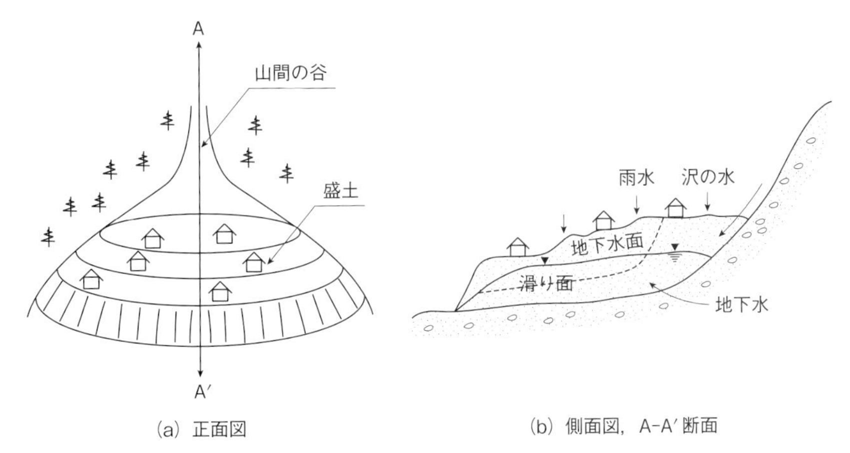

図 11.10　山間の沢に盛土した人工造成地

図 11.11　谷を埋め作った盛土上の中学校の被害（十勝沖地震，1968 年）

11.11 に示したのは，十勝沖地震（1968 年）のときに青森県において盛土の上に作られたある中学校が崩壊した例である．このとき，校庭にいた児童 4 人が崩壊に巻き込まれて犠牲になった．校舎は盛土上にあり，周辺からの水の供給が多く，火山灰性の砂質土が飽和していて地震動で液状化が生じたのが惨事の元凶であった．

b. 河川堤防

河川の下流域は，一般に軟弱地盤地帯と考えてよい．適切な流路を整備するために堤防が作られるが，そのためには軟弱地盤上に盛土をすることが多い．よって地震時には液状化が生じやすく，震度 6 以上の地震では，いままでほとんど例外なく河川堤防に被害が発生している．その主な理由は，盛土材料が砂質土であること，一般に軟弱地盤で地下水面が高いこと，そして河川流路側（堤外地という）の水位が高いので，堤外地から堤内地（流路の外側で住居などがある所）に向かって盛土の底部を通る地下の浸透流があり，盛土内の地下水位が高くなってきていること，などである．この状況を模式的に示したのが図 11.12 であり，被害例を示したのが図 11.13 である．これは 2008 年の十勝沖地震の際に十勝川下流地域で生じた大規模な堤防の破壊である．

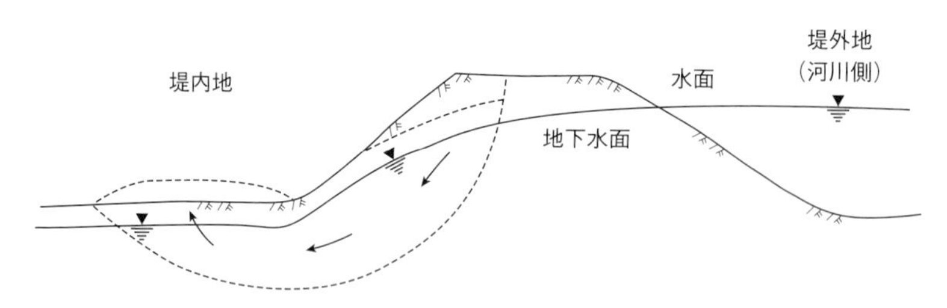

図 11.12　河川堤防崩壊の説明図

図 11.13　河川堤防の崩壊（十勝沖地震，2008 年）

11.5　護岸構造物の倒壊

地盤を横から支えている壁体が地震時に倒壊したり，移動する損傷は多く見られるが，とくに海岸や港湾内にある護岸や岸壁などの水辺にある擁壁構造物は液状化の影響が加わって破損しやすく，時には数 m も海の方向に滑り出して大きな被害の元凶になる．水辺周辺の地盤は地下水が海水とつながっているため，一般に地下水面は地表から 1～2 m と浅い所にある．よって液状化が生じやすく，その影響で横方向土圧が増える．加えて高低差があるため，地盤の陥没や流動性の崩壊が生じやすい．

a.　ブロック積みの護岸

埋立て予定地の外側をまず護岸で囲み，その内側に土砂を搬入して造成地とする方式の埋立て工事は，1960～1980 年代の高度成長期に，工業用地を確保する目的で，とくに太平洋沿岸の各地で実施された．この場合によく用いられた護岸の横断面が模式的に図 11.14 に示してある．多くは海底の地盤も軟弱なので，まず礫や石塊を敷き，地ならしをする．その上に砂礫や栗石（ぐりいし）と称する太きさが数 cm から数十 cm 四方の石を置いて，水中で簡単な支持基盤を作る．そして，その上にコンクリート躯体を置く．さらに前面には波による浸食や全体の安定性を確保するために，消波ブロックを置く．このように護岸を作った後，前面の海底から土砂を海水とともに吸い上げる浚渫方式で採掘し，パイプで流体輸送して，囲いの内側に投入して埋立て地を造成するのである．搬入された土砂は構造物の近傍を除いて，締固めは行われないので，地震時には液状化を生じやすい．そして，高低差があり護岸構造も脆弱であるので，大きな側方流動による被害を受けやすいのである．

b.　矢 板 岸 壁

貨物を搬入したり搬出したりする岸壁でよく用いられるのは，鋼鉄製の細長い矢板を列状に打ち込んでおいて，その背後に土砂を搬入する方法である．矢板とは，幅 30～50 cm，厚さ 1～2 cm 程度，長さ 10～15 m の細長い鉄板のことで，長手方向に隣接する矢板とかみ合わせるために鉄板を曲げたフックがつけられている．これを並べて打ち込むことにより，地下に線状の仕切り壁を作ることができる．前もって矢板壁を作っておいて，陸側に土を盛り，さらに海側を所定の深さまで水中掘削することにより岸壁を作ることが可能となる．岸壁には船舶が接岸するので，5～10 m の水深まで掘削するのが普通である．この種の岸壁は海側に傾いたり，撓んだりしやすい．これを防ぐために 10 m ぐらい離れた陸側に重いコンクリートブロックを，平面的にみて 5～7 m 間隔で地下に埋め，それと矢板の上部とを，鉄棒（タイバー）で繋いで置くのが普通である．これを矢板のアン

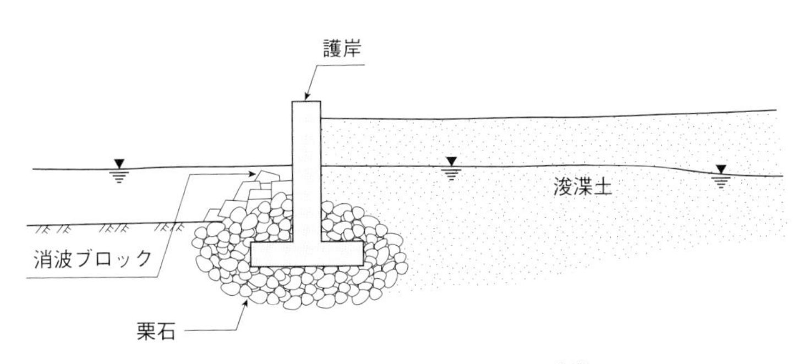

図 11.14　浚渫埋立てに用いられる護岸

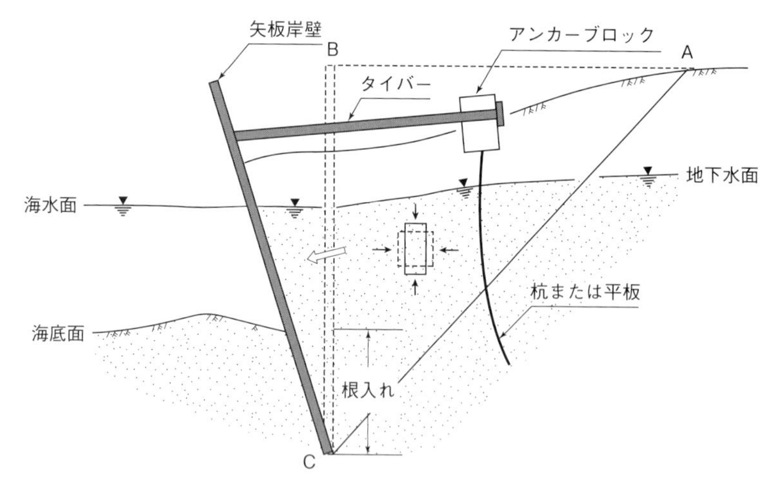

図 11.15　矢板式岸壁の滑りに伴う地盤内の土の変形パターン

図 11.16　日本海中部地震（1983 年）のときに秋田港で崩壊した矢板式護岸

カーと呼んでいるが，地下 0.5～1.0 m の深さに，すべてが埋め込まれているので，地表面から見えないようになっている．このアンカーの下部に，さらに補強の目的で杭や矢板を打ってあることもある．この種の岸壁が液状化によって崩壊する模様が図 11.15 に示されている．

具体例として 1983 年の日本海中部地震のときに破損した矢板岸壁の模様を図 11.16 に示した．地震時の液状化により矢板が海側に大きく傾いて移動し，背後の地盤が大きく陥没していることがわかる．同時に，側方流動が生じ，地割れや地盤沈下は 50 m ぐらい陸側に及んだのである．

c.　ケーソン式岸壁

これは大型船舶の繋留のため 10～30 m の水深が必要とされる場合に採用されるタイプの岸壁である．船舶を築造するときと同じように別の場所に，ドライドックを準備しておく．そのドックの中で，長さ 15～30 m，幅 5～10 m，高さ 10～30 m の内部が空いた鉄筋コンクリート製の大きな箱のような躯体を作る．これをケーソンと呼んでいる．これを製作したドック内に水を入れて浮かせて海上に引き出し，所定の場所まで船で曳航していく．そして土砂やコンクリートを内部に詰めて所定の位置に正確に沈設するのである．多くの場合に海底は軟弱地盤なので，前もって水中掘削により，海底の土砂を 5～10 m の深さまで掘削除去し，砂質土で置き換え海底の床面を固めて平坦にしておく．そし

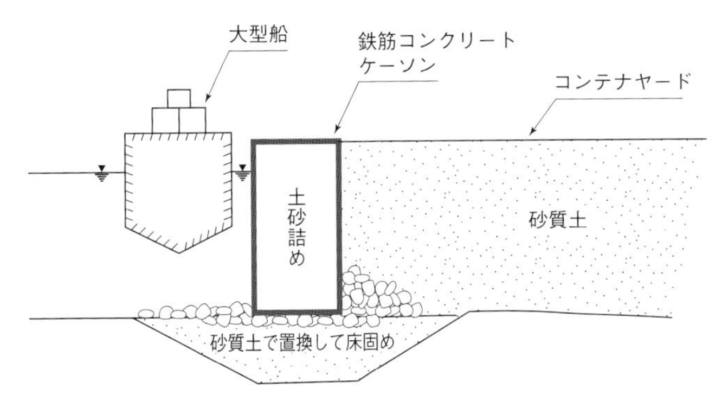

図 11.17　ケーソン式岸壁

図 11.18　ケーソン岸壁の側方変位（神戸市六甲アイランド．I. Idriss 氏提供）

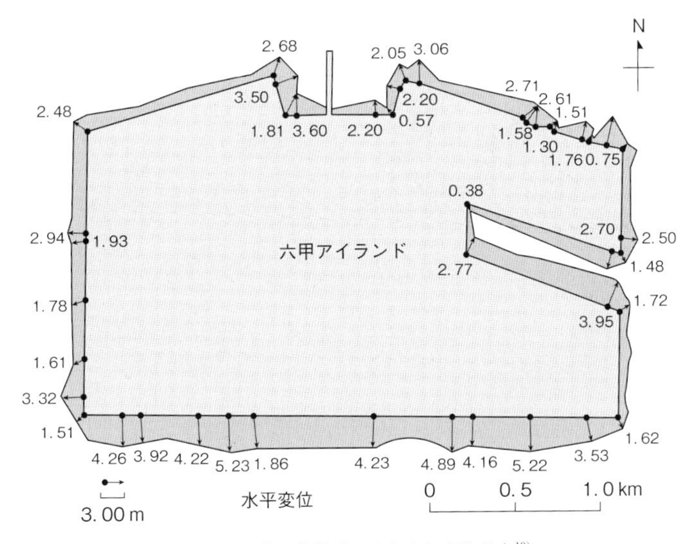

図 11.19　神戸港岸壁のせり出し変位分布[10)]

て，その上にケーソンを沈設することになる．このタイプの岸壁の模様を図 11.17 に示した．

神戸港にある人工島の周辺はほとんど，このケーソン型の岸壁で囲まれている．しかし，兵庫県南部地震（1995 年）の際には，床面より下の砂質土と岸壁背後の盛土が液状化を生じ，大型ケーソン岸壁が 2～5 m 海側に押し出されたり，傾斜したりして大きな被害を受けた．図 11.18 は六甲アイランドの南側岸壁の被害の模様を示しているが，岸壁の側方変位は 4～5 m に達し，それが 20～100 m ぐらい内陸側に波及し，コンテナ荷物の積み込みや荷上げのために用いられるクレーンの両脚が広がって曲がったり，折れたりした．神戸港における岸壁のせり出しの分布を示したのが図 11.19 である．一般に 2～5 m のせり出しが生じ，貨物船などの繋留が不可能になり大きな経済的打撃を与えたことは周知のとおりである．この図から南側と北側の岸壁は東西向きの岸壁より全体的に変位が大きいことがわかる．これは地震動が南北方向で大きかったためと考えられる．

d. 岸壁変位の陸側への伝播

液状化により護岸構造物が大きな変位を起こすと，それが陸側に伝わっていき，そこにある各種施設に被害をもたらすことになる．岸壁から陸側に向かって，陥没の幅や亀裂の段差を測ったりして，兵庫県南部地震のときの岸壁背後の地盤の水平変位と沈下を測定し，その陸方向の分布状態を示したのが図 11.20 である．これは東西方向を向いた岸壁背後の変位分布である．この図より岸壁の水平変位は 2～3 m に達していること，それはおよそ 120 m ぐらい後方にまで伝播している模様がわかる．よってこの位置にあった倉庫や建物などの施設は大きな被害を受けたのである．

11.6　埋設物の浮上り

下水道管や共同溝などは 1～5 m 深さの浅い部分に埋設される．施工はまず簡単な土留壁で支えられた地盤の内側を掘削し，埋設物を設置した後で埋戻しをするという順序で行われる．埋戻しには通常砂質土が用いられるが，締固めを十分に行わないままで表面の舗装や緑地帯が作られることが多い．また，埋設管はマンホールを通して図 11.21 のように地上とつながっているが，このマンホールも同じように，掘削し

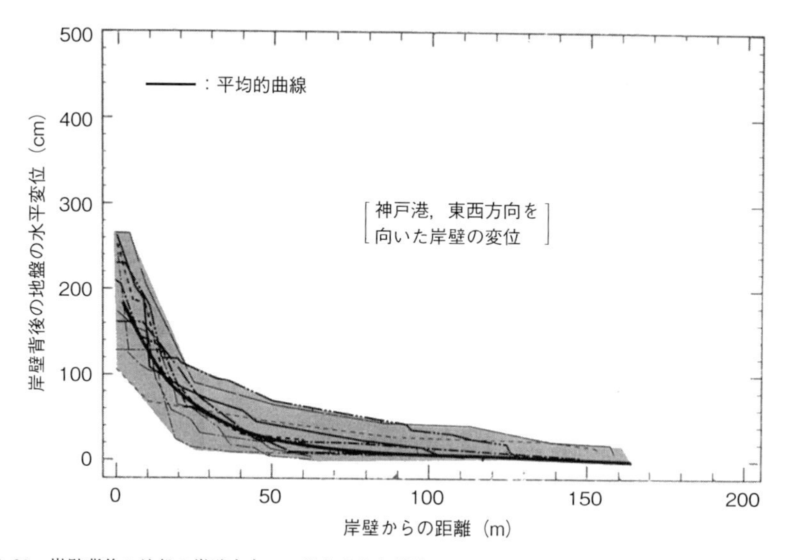

図 11.20　岸壁背後の地盤の岸壁方向への側方変位と岸壁からの距離との関係（兵庫県南部地震，1995 年）

た大きな穴の中にコンクリート製の筒状躯体を打設して作る．これは砂を敷いた床の上に設置され，この躯体と掘削孔周辺の隙間はまた砂で充填される．これらの砂はいずれも幅が20〜50 cmのドーナツ状の狭い隙間を埋めることになるが十分に締め固められないことが多い．埋設管は砂質土の中に設置されるときと粘性土の中に置かれる場合の両方があるが，前者の場合埋設物周辺の砂が広く液状化する．後者の場合も埋戻し部分の砂が液状化することが多い．

さて，一般に埋設物は，下水管にしてもマンホールにしても内部は中空になっているので，重さを体積で割った見掛けの単位体積重量は1.0以下で，水より軽い場合が多い．一方，液状化した砂は2.3節で述べたように単位体積重量が1.8〜1.9 ton/m^{3}であるので，重い液体の中に軽い物体が存在する状態となる．よって浮力が働き，地下構造物は浮き上がってくる．しばしば驚きをもって見られるのは，とくに上載圧の少ないマンホールの浮上りである．その一例が図11.22に示してあるが時には1 m以上も地上に飛び出してくる．横に設置された下水管は上部に土があるので地上には出てこないが，液状化した砂層の中で上下左右に変形するので，図11.21に示すように，パイプの継目がはずれ，その隙間から液状化した砂が流入して，

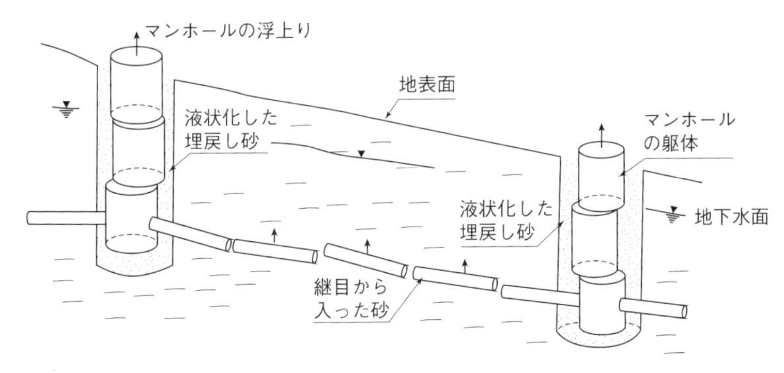

図 11.21 液状化した砂による下水管の閉塞とマンホールの浮上りの説明図

図 11.22 新潟市東方松ヶ崎の埋設管マンホールの浮上り（新潟地震，1964）

下水管を閉塞してしまう．2011 年の東日本大震災の際には，浦安市や千葉市沿岸部で以上のような下水管の閉塞が生じ復旧には数か月を要し，住民の生活に大きな支障をもたらした．

その他，学校のプールとか貯水槽なども躯体の大部分が地下にあるため，液状化による浮力によって破壊する例は多く見られる．

12 液状化の対策と地盤改良

Countermeasures and Soil Improvements against Liquefaction

液状化対策としては，砂の地盤の締固め，発生する間隙水圧の抑制と早期逸散，地下水低下，そして地下に隔壁を作る等の工法が開発され広く使われている．その考え方と方法を紹介する．

新潟地震でその重要性が認識されて以来，液状化に起因する被害を防ぐため，多くの対策工法が考案され,実用化されてきた．これらは(1)地盤内の砂質土の密度を高める締固め工法，(2)液状化とともに上昇した間隙水圧をいち早く逸散させて，その悪影響を除去しようとする排水促進工法，(3) 薬液を地盤内に注入浸透させて砂質土を固めてしまう薬液注入工法，(4) セメントと砂質土を原位置で撹拌混合して固化する工法，(5) 地盤を地下の遮水壁で囲んで，内部の地下水を汲み上げ，水位を下げておく地下水低下工法，そして (6) 地盤内に格子状の隔壁を作り，地盤全体の変形を低減する隔壁工法などに大別されよう．以下，上記工法の概略とその特性について説明してみることにする．

12.1 締固め工法

これは最も古く，福井地震（1948年）などの教訓に基づき，戦後わが国で開発された工法で，新潟市海岸付近の石油タンクの一部で地盤改良のため用いられていた．そして新潟地震のときには被害がなく，その有効性が立証された工法である．その後，方式や規模の異なる種々の締固め工法が開発されてきている．

a. ロッド・コンパクション

ロッド・コンパクション（rod compaction）は，単に鉄の棒（ロッド）を図 12.1 に示すように鉛直方向に振動させながら，ゆるい砂地盤の中に貫入していく方式である．ロッドの周辺では砂が締め固まって沈下が生じるので，新しい砂をロッドの周辺で地上から補強するのが普通である．貫入に伴い周辺の砂層が締め固められるが，貫入深さは5 m ぐらいが限度であり，その範囲も直径1 m 程度なので大規模な地盤の締固めには適さない．

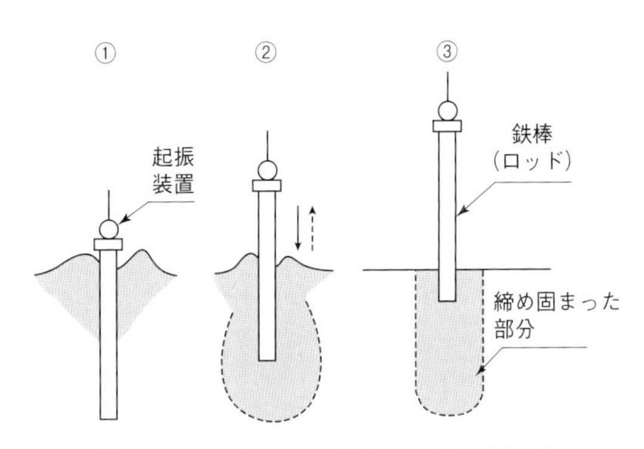

図 12.1　ロッド・コンパクションによる締固め

b. バイブロフローテーション

バイブロフローテーション（vibrofloatation）は，中空円筒型の鋼管の先端から水を噴射させながら，同時に振動を与える方式である．所定の深さまでロッドを貫入させておいて，そこから水を噴射させて先端に振動を与えると，先端周辺の砂はいったん撹拌されて締め固まる．同時に地表面からロッドの周辺に砂を供給すると，それが地中に少しずつ落ち込んでいく．こ

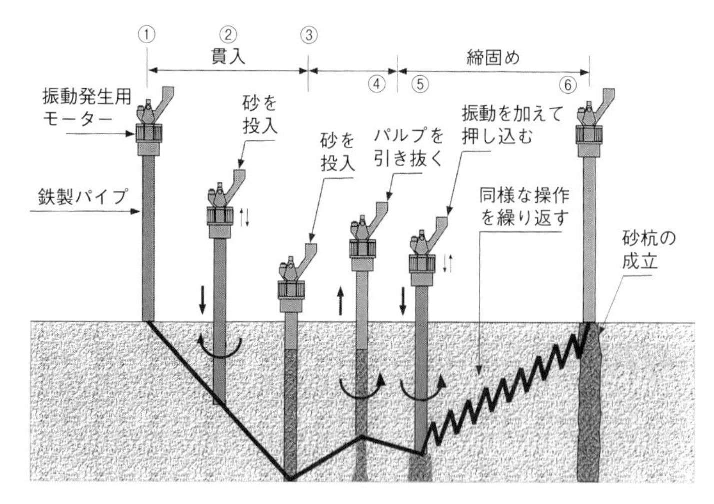

図 12.2　サンド・コンパクション・パイルを打設する手順
①：設置状態，②：鉄製パイプの振動による貫入，③：上部から砂を投入，④：パイプを引き抜くとき底の弁は開く，⑤：振動を加えながら押し込む，⑥：完成した様子

の操作を所定の深さからロッドを徐々に上方に抜きながら続いていくと，最終的に直径 1.0〜2.0 m の締め固められた砂の柱が地中にできる．平面的に見たこの砂柱の中心間隙は 2.0〜3.0 m のことが多い．砂柱の中間にある砂はゆるいままの状態で残るが，地盤全体としては，液状化に対して相当の抵抗力を発揮することになる．以上はバイブロフローテーションの基本的メカニズムであるが，現在ではいろいろな工夫が凝らされて，もっと複雑ではあるが高能率で低コストのものが開発され，用いられている．

c.　サンド・コンパクション・パイル

直径 30〜40 cm の鋼製の筒（パイプ）の先端に，開閉できる簡単な装置をつける．このサンド・コンパクション・パイル（sand compaction pile, SCP）ではパイプを上方に引張り上げると先端が開き，上から押すと閉じるような簡単な装置を用いる．これを鉛直にして，振動を与えながら砂層中に押し込んでいく．施工のプロセスが図 12.2 に示してあるが，この押込みの過程が②である．このとき先端は閉じているので，押し込んだ体積分だけ砂が締まり，さらに振動によっても周辺の砂層はある程度締め固まる．この押し込みのとき図 12.2 の②に示すように，上部から鋼管の内部に砂を投入する．鋼管が所定の深さまで達したら（図 12.2③），さらに砂を入れ，次に，この鋼管を 1〜1.5 m ぐらい引き上げる（図 12.2④）．このとき，パイプの先端は開口して砂が先端から放出される．今度は鋼管に頂部から振動を与えながら下方へ押し付けるのである．このとき，先端は閉じているので前の段階で鋼管から放出された砂は図 12.2⑤に示すように締め固まって横に拡がることになる．このような手順を何度も踏んで最終的に図 12.2⑥で作業は完了する．

このような手続きを踏むことにより，原地盤の内に直径 70 cm 程度の締まった砂の柱を作ることが可能になる．この砂柱を，中心間隔が 2.0〜3.0 m になるように打設することにより，原地盤の所定の範囲全体を締固め強化できるのである．この工法は深さが 20〜30 m でも施工が可能で最も確実な方法として広く用いられている．図 12.3 は海底地盤を，船上からのサンド・コンパクション・パイルによって締め固め安定化している模様を示した写真である．

この工法は確実な効果が期待されるが，1つの欠点は打設中に大きな振動と横方向の静的に

図 12.3　関西国際空港で海底を締め固めている様子

押す力が誘起されることである．振動騒音の課題を避けるため，広い埋立て地や人家から離れた場所でこの工法はよく用いられる．また横方向に押す力が生ずるため，既存の岸壁の背後であるとか，狭隘な市街地では適用できない．そこで，主として振動と騒音を除くため鋼管を回転させながら押して貫入させ，その後段階的に引き抜き，砂の投入と押し込みを繰り返して，締め固めた砂柱を打設するという工法も新たに開発された．この静的打設方法も動的方法と同じ効果を発揮できるため広く用いられている．

12.2　排水促進工法

地震時の液状化で，砂層中の過剰間隙水圧が上昇することは前に述べたが，この水圧をいち速く消散させて，被害を最小限にとどめようとするのが本工法の考え方である．これはグラベル・ドレーンと呼ばれるが，その施工順序は図 12.4 に示すとおりである．

まず，表面に螺旋状の突起のついた鋼管（スクリューオーガーという）を回転すると，しだいに土中に貫入していく．このとき，土は螺旋状の階段を昇って地上に排出されるので，横方向の圧力を発生させないで，鋼管を所定の深さまで貫入することができる．図 12.4(a) にこ

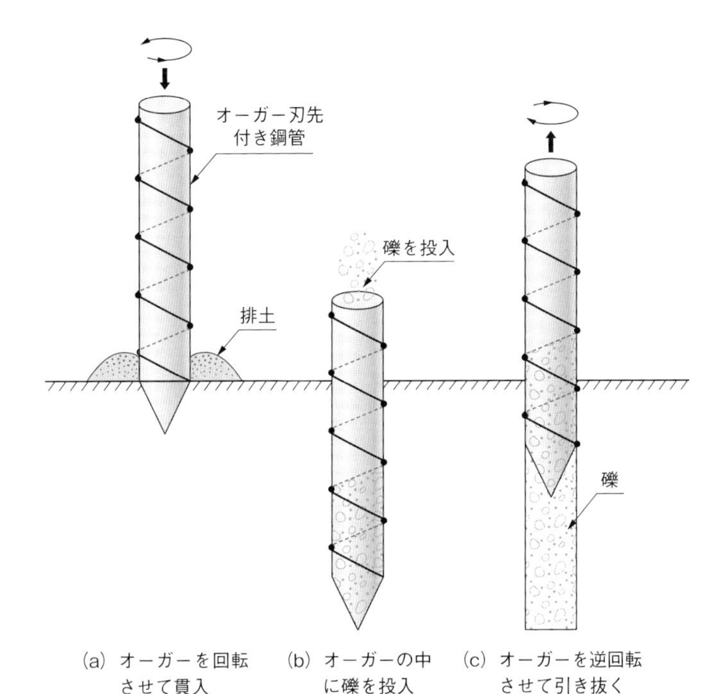

図 12.4　オーガーの回転貫入によるグラベル・ドレーンの施工

れが示してある．次に，上部から礫を鋼管の内部に投入して鋼管を逆方向に回転させながら引き抜いていく（図12.4(b), (c) 参照)．この方法により，現存する砂層の中に図12.5に示すように礫の柱を作ることができる．この柱の直径は30〜40 cmで柱の間隔は1.5〜2.5 m，そして長さは5〜15 mのことが多い．地震時に液状化が発生すると．礫は透水性がよいので，周辺の砂層中の間隙水はすばやく礫柱の方へ流れ，過剰間隙水圧は急速に低下する．よって液状化によって軟化した砂地盤は素早く強さを回復し，被害を最小限にとどめうることになる．このグラベル・ドレーン工法では，礫柱の打設中に横方向の圧力はほとんど生じない．よって既存岸壁の背後の砂地盤の液状化対策工としてよく用いられる．またスクリューオーガーの貫入時には振動や騒音がほとんど発生しないので狭隘な市街地でもよく用いられる．

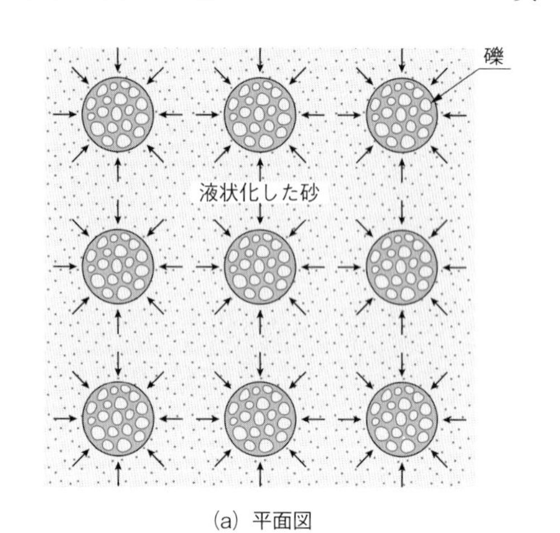

(a) 平面図

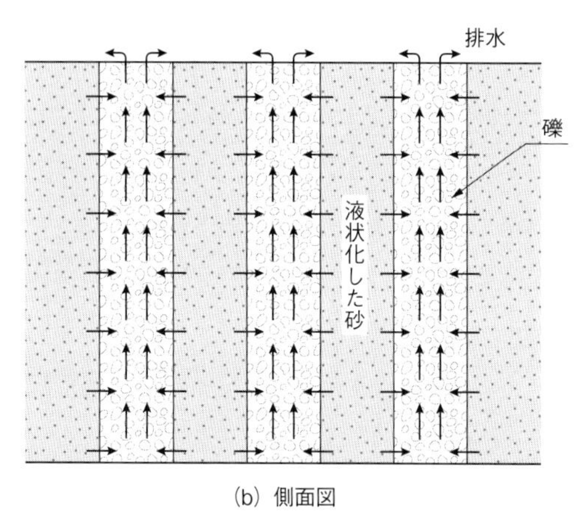

(b) 側面図

図12.5　グラベル・ドレーンの説明図

12.3　地下水位低下工法

液状化は水で飽和された砂層中で発生するので，通常は地下水面以下の砂層内で生ずる．そこで人工的に地下水面を低下させれば，それより浅い部分の不飽和土層では液状化が生じにくいので，地表面近くの構造物は被害を受けないことになる．この考えは10.1節で説明したように，液状化しない表層の厚さH_1を増加させることに相当する．具体的には図12.6に示すように，まず地中に間隔が5〜10 mの隔壁を作り，内部の地下水を汲み上げて地下水面を低下させておくという対策工法である．この方法では長期間地下水を低下させておくことの難易の問題などがあるが，宅地の区画や石油コンビナート内の重要施設の区画に沿って地下に壁体を作り，内部の地下水位を低下させる工法として用いられている．隔壁は厚さ0.5〜0.8 mぐらいで材料としてはセメントとベントナイト，それに土を混ぜたものが用いられるが，いずれにしても不透水性が要求される地中壁である．

12.4　格子状改良工法

図12.6に示すように，土中に格子状の隔壁を作っておいて，地盤全体の剛性を高め地震時の地盤変形を抑制しようとする方法である．隔壁の厚さは1.0〜2.0 m程度で，その間隔は5〜10 mのことが多い．隔壁はジェットグラウト（jet grout）という工法で直径1.0〜1.5 mの円形断面をもつ土とセメントで固めた柱を地中に並べて作ることが多い．ジェットグラウトは，図12.7(a) のようにまず直径10 cmぐらいの鉛直孔をボーリングで掘る．次に図12.7(b) に示すように先端に噴砂ノズルの付いた鋼

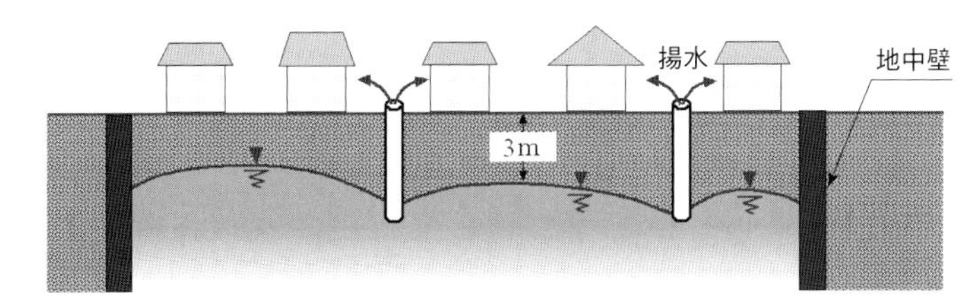

図 12.6　地下水位低下工法

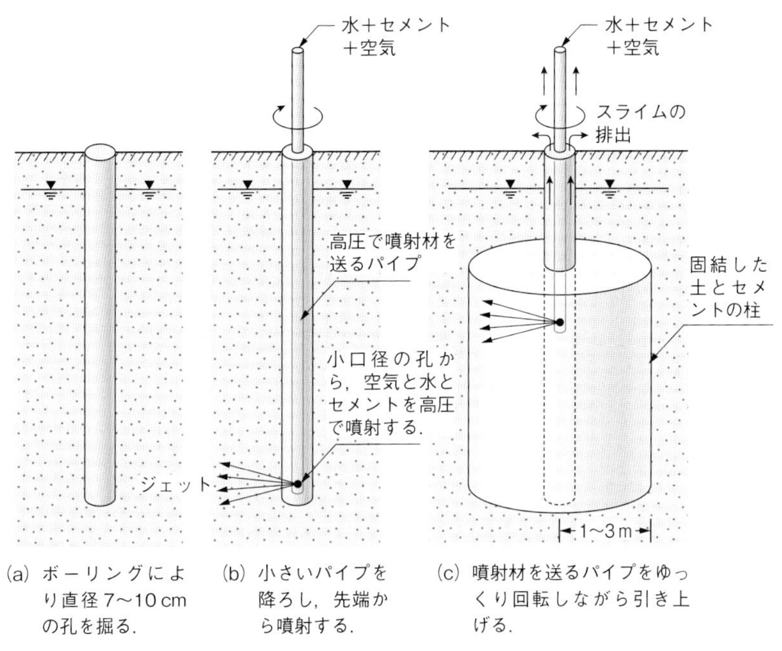

図 12.7　ジェットグラウトの施工順序

管パイプを孔底まで降ろす．そしてセメントと水と空気から成る混合物を 300 kg/cm^2 程度の高圧で送り，先端のノズルから水平に噴砂する．そして原位置の土とセメントミルクを混合させる方法である．この操作は鋼管パイプをゆっくり回転させながら徐々に引き上げながら続ける．よって土とセメントミルクの混合体は円柱状に孔底から徐々に上方に向かって作られる．これは時間とともに固化するので，図 12.7(c) のように，最終的にセメントで固めた円柱状の土の柱が地中に作られることになる．この工法では，空気を混入してセメントミルクの流れを助長し，かつ圧力を一定値に保存する必要があるため，残渣（スライム）を地上に出す必要がある．

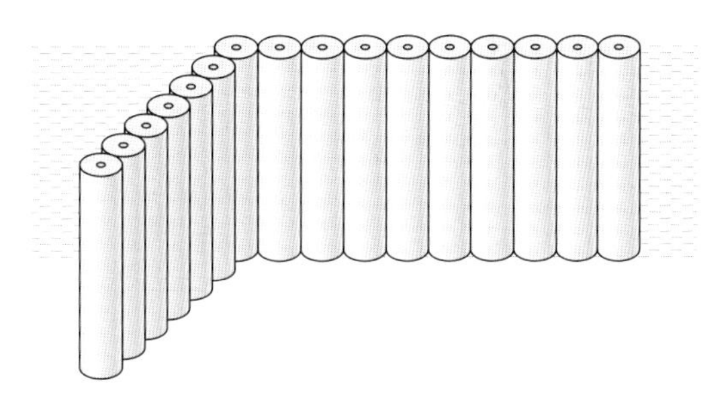

図 12.8　ジェットグラウトによって作られる地中の壁

この工法により円柱を並べて図 12.8 のように地下の固化壁が作られるが，これを格子状に配置することにより，地震時の軟弱層の変位を抑制でき，したがって間隙水圧の上昇を抑制させることにより，液状化の悪影響を防ぐことが可能になる．

地中の隔壁は，その他，撹拌工法によっても作られる．これは先端にオーガーと呼ばれる螺

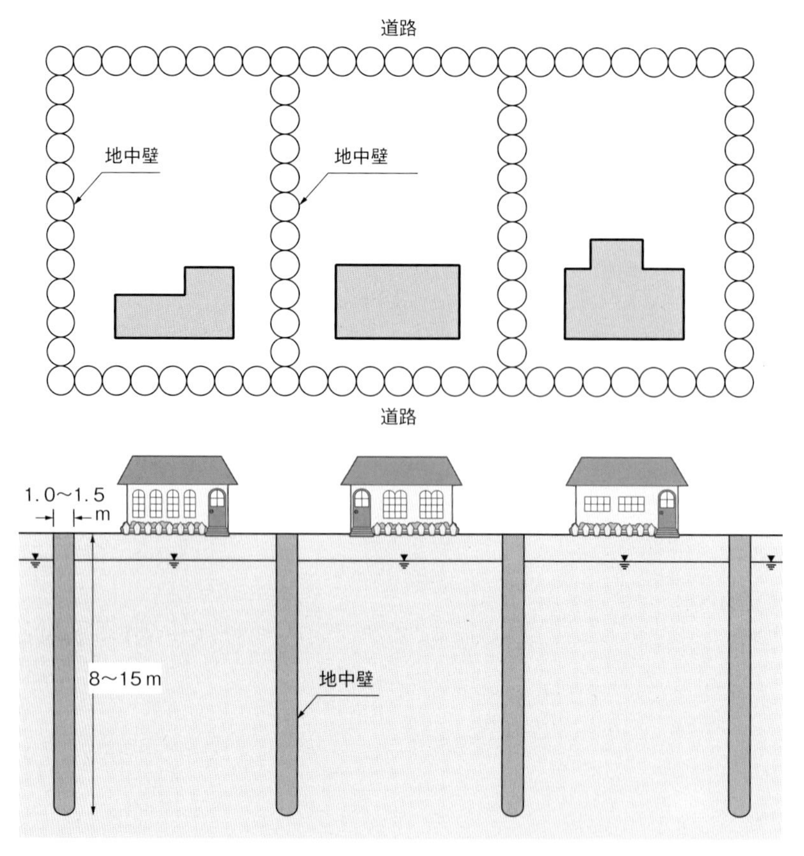

図 12.9　格子状改良の概念図

旋状の撹拌装置をつけた鉄製のロッドで地表の土を撹乱し，そこへセメントを投入して，土とセメントの固化壁を作る工法である．

これらの方法で作られた地中壁を図 12.9 のように配列して，住宅地内の液状化発生を防ぐ方法が最近実施に移されている．住宅地で隣地との境界にある狭いスペースでも施工可能な小型のジェットグラウト施工機械も開発されている．地下隔壁工法の効果は地震時の地盤の変形を抑制し，したがって液状化を防止することにある．

13 液状化対策の変遷と発展

Historical Advances of Countermeasures against Liquefaction

液状化の対策は，諸基準の導入に平行して過去50年以上にわたって実施されてきた．しかし，これらは大中規模の公共的施設に限られ，基準からはずれた中小施設や個人の宅地等は対策の普及が遅れ，今後の大きな課題となっている．

地震による被害は建物や橋梁などの地上構造物の損傷と，液状化や土の流動変位による埋設物や基礎工等の地中構造物の破壊の2つに大別される．いずれにしてもこれらを対象にした耐震工学および地震工学と呼ばれる学術分野は，次々に発生する地震時の被害の観察や調査に基づいて発展してきている．この意味で地震工学は，本来，後追いの経験工学的性格を有している．さらに各種の地震時被害は，それぞれの時代にそれぞれの地域に存在する人工構造物の種類やその規模に大きく依存している．よって地震被害は時代とともに変化発展する社会の様相と，そのインフラ構造に大きく依存している．よって液状化被害の様相も時代とともに変わっていき，その対策も時とともに変わってきている．

13.1 液状化に関する現状と対策の変遷

前述のように液状化現象の研究とその対策工法の導入は，1964年の新潟地震が発端となっているといって過言ではない．対策工の導入には相応の経費を要するので，それを実施する事業体の強い意志と決断が必要とされる．新潟地震の被害で目立ったのは橋梁の落下，道路や鉄道の寸断，学校や駅舎の損傷など，公共施設の被害である．そこで修復と対策の方針作りにまず着手したのは，国の機関である建設省（現国土交通省）であった．具体的には，液状化に関する研究を実施し，その成果を設計指針の更新の中に取り入れたのである．ほぼ同じ頃港湾構造物や建築基礎の設計手引書にも取り入れら

表13.1 液状化を考慮した構造物設計指針の導入

1948(S23)	福井地震 M 7.1
1964(S39)	新潟地震 M 7.5
1970(S45)	港湾構造物設計基準
1971(S46)	道路橋耐震設計基準
1974(S49)	建築基礎構造物設計基準，建造物設計標準解説
1974(S49)	鉄道構造物設計標準（基礎構造物及び杭土圧構造物）
1974(S49)	危険物の規制に関する技術基準の告示
1979(S54)	水道施設耐震工法指針・解説
1981(S56)	LNG地下式貯槽指針，下水道施設の耐震対策指針
1983(S58)	日本海中部地震 M 7.7
1984(S59)	土地改良事業設計指針耐震設計（案）
1984(S59)	宅地耐震設計マニュアル（案）
1987(S62)	東京低地の液状化予測マップ
1995(H7)	兵庫県南部地震 M 7.2
2000(H12)	鳥取県西部地震 M 7.3
2003(H15)	宅地耐震設計マニュアル（案）（都市基盤整備公団）

れた．それは表 13.1 に示すように 1971（昭和46）年であった．ここに示すようにそれ以来，道路橋の下部構造や大型建築物の設計は対策工を含めて液状化の悪影響を除去するように行われてきている．これとほぼ並行して，港湾施設，鉄道施設などの公共性の高い施設を所持管轄する諸機関が，液状化の影響を考慮できるように，構造物の設計指針を更新してきた．よって，それ以後作られた構造物は何らかの形で対策が施されてきている．その甲斐あって，これら新しい設計指針にのっとって作られた構造物は，以後の大地震で液状化に起因する被害を受けていない．東日本大震災（2011.3.11）のときにも，湾岸高速道路や鉄道の施設では液状化による被害は皆無といってよいほどであった．

以上は国や自治体，そして公社公団などの公的機関が導入した液状化対策であった．この動きは電力，ガス，水道，石油基地などの公共性の高い事業体へも順次広がっていき，地盤の液状化を考慮した構造物の設計は相当程度普及してきたと考えてよい．これらの事業体は規模が大きく予算も一般に多額であるので，液状化対策工に必要な経費の調達が比較的容易であったと考えられる．このような状況の中で，液状化対策の工法は，すべて大規模で広範囲を網羅できる効率の良いものが開発されてきた．第12章で述べた対策工法はすべて大型のもので，中小の宅地には適合しないものである．

しかし，事業体の規模が中小になってくると，液状化対策のための追加経費の捻出が段々と困難になってくる．このような傾向を示したのが図 13.1 であるが，さらに一般の個人住宅になると，事業主が個人となり，液状化対策のための出費はかなり多額となる．そのため，水辺に近い造成地についても，売出し価格を抑制せざるをえない事情があった．さらディベロッパー等の私企業には液状化の認識がいきわたっていなかった．このような事情から 1960～1990 年ぐらいの期間に造成販売された宅地では，地盤に液状化対策を施されたものはほとんどないといってよい．

このような状態で，東日本大震災が起こったので，海岸埋立て地にあった千葉県浦安市や千葉市の住宅地では広範囲に液状化が生じ，個人住宅や中規模の集合住宅で大きな被害が発生した．道路の舗装亀裂，段差からおびただしい量の噴砂・噴水，マンホールの浮上り，住宅と周辺地盤の相対沈下による上・下水管やガス管の折れ曲りや切断など，様々な様相を呈していた．最も深刻であったのは，下水管が砂で詰まり，数週間も日常生活が不可能になったこと，家屋の傾斜が大きく居住が不可能になったことなどである．

ここで注目すべきは，高速道路や鉄道などの公共事業体による施設にはほとんど被害がなく，大多数の被害が住宅を中心とする私的所有物に及んだことである．これらは多くの個人財産の破損であり，個人の責任で修復処置する必要が生じた．つまりステークホルダー（stakeholder，責任を持つ関係者）がおびただしい数にのぼり，補償をめぐって訴訟の件数も急増し，社会問題になったのである．以上のような結果は将来も続くと考えられるので，個人が所有する住宅地については液状化を含めた耐震性を調べ，平素から対策を検討しておく必要がある．そのためには，所有地が位置する場所

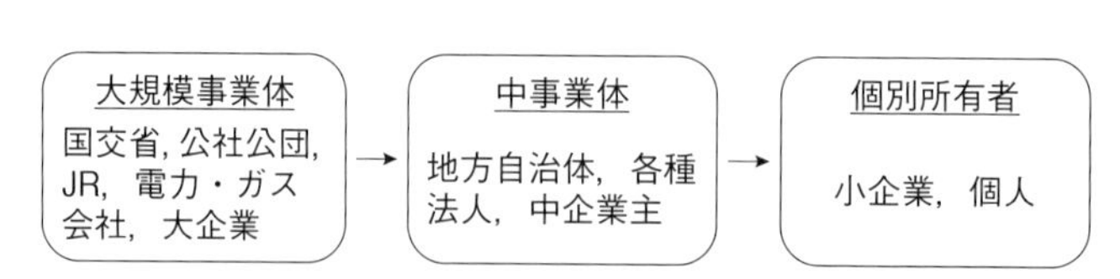

図 13.1　液状化の被害を受ける諸施設の規模

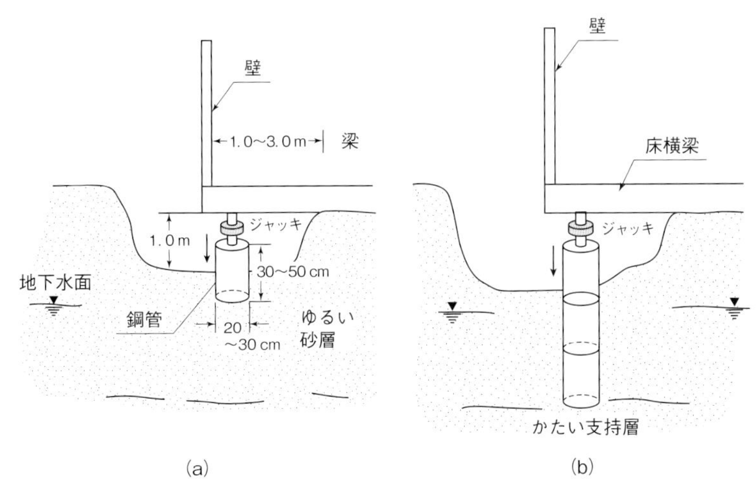

図 13.2　床下での支持杭打設

の地形・地質や自治体の出している液状化危険度マップを調べて，そのリスクをよく理解しておくことが望まれる．

13.2　小型液状化対策工法の開発

従来の液状化対策は，第 12 章で述べたように，対象となる土地が人里離れた遠隔地であったり，事業主が国や大企業であったことなどにより大規模工事が主であった．このため対策工法も大型機械を用いており，100〜300 m^2 程度の宅地の地盤改良には適さないものばかりであった．ましてや既存の住宅の直下の地盤改良などには，適さないものばかりであった．これは需要がほとんどなかったので当然の成り行きであったといえる．ところが東日本大震災では東京湾岸にある宅地で広範囲にわたって液状化が生じ，多数の住宅が被害を受け，この課題が大きくクローズアップされることとなった．

それと同時に，応急の復旧や将来の大地震に対処できる液状化対策工として，小型で狭隘な所でも施工可能な方法が多数考案されてきている．これらは第 12 章で述べた工法の原理に基づき，小型化した機械を用い，いくつかの工法を組み合わせたものが多い．また，現在は更地である土地を安定化する場合と，修復可能な建物が現存し，その床下の地盤改良をする場合とに大別することも可能であろう．そこで小型の液状化対策工につき，以下簡単に述べてみることにする．

(1)　締固め工法　　いろいろな小型機械を用いて地表近くのゆる詰めの砂質土を締め固めることになるが，コストに大きく関係するのはその深さである．このため，表面の非液状化層を厚くするという図 10.3 に示した考えに基づくのもひとつの方法であろう．

(2)　支持杭打設　　これは図 13.2 に説明してあるように，建物の端部から奥行き方向に 1.0〜3.0 m，深さ 1.5 m 程の横穴（狸堀）を掘っておき，長さ 30〜50 cm，直径 20〜30 cm ぐらいの鋼管をジャッキの力でゆるい砂層の中に押し込む工法である．最初の鋼管が十分押し込まれたら次の鋼管をその上に継ぎ足し，順序図 13.2 の（a）から（b）のようにかたい支持層に至るまで鋼管を継ぎ足していくのである．以上の操作は作業員が横穴に入って人力で操作するので，地下水面が 1.5 m ぐらい以上の深い所にある場合しか適用できない．また支持杭の数は現場の状況に応じて複数本になることが多い．

(3) 薬液注入工法　微粒なセメントや固化液を土中に浸透注入して地盤を硬化する工法である．傾斜ボーリング機械を用いて，周辺から家屋の中心に向かって穴を掘っておき，そこにパイプを挿入して圧力をかけて薬液を注入する工法である．液体は周辺の土の中に浸み込んで地盤を固めることになる．しかし，薬液の浸透が容易になるよう土が細粒分の少ない砂であることが求められる．

(4) 地中固化壁工法　これは隣地との境界とか敷地内の空白の部分とかの地中に深さ3～5 m の固化壁を作る方法である．工法としては前述のジェットグラウトの小型機を用いるとか，帯状に地盤を掘削攪拌し，土にセメントを混ぜて，柱状の固化壁を作る工法などが開発されている．

(5) 対策の選択について　以上，代表的な工法をいくつか紹介したが，これらの組み合わせとか，そのほか別の工法も提案され，開発されている．いずれにしても，液状化対策はその場所の地質などの事情に応じて適宜決める必要があり，専門家の意見を聞き相談することが望まれる．

Column 6 ◆ 水中における木杭の耐久性

空気中に置かれた木材は数十年もするといろいろな原因で腐食が進んでくることはよく知られている．しかし水中にあると相当年数変化せず建設資材としても耐用できるのである．東ヨーロッパのバルカン地域を支配していた中世のビザンチン帝国は貿易で栄えたが，当時海運の基地であった現在のトルコ，イスタンブールの港には多数の木杭で支えられた桟橋や繋舟岸壁があった．これらの場所は1453年にオスマン・トルコに征服された後，埋め立てられて長い間住宅地や商工業用地として用いられてきた．ところが近年，イスタンブールで東西を結ぶ地下鉄道が建設された際，操作場や駅舎を作るため，この地で広範囲にわたって5～15 mの深さまで掘削が行われた．そのとき，500年以上も前の港にあった木杭が突如として姿を現したのである．その情景がここに示してある写真である．木杭は地下水面より下にあったので腐食をまぬがれてきたが，掘削で空気にさらされた瞬間から炭化が進み黒く変色してしまった．

ところで，最近地震時の液状化防止策の1つとして木材を用いる工法が開発され脚光を浴びている．これは直径5～10 cmの木材を0.5～1.0 mの間隔で5～10 mの深さまで打ちこんで，砂地盤全体の強化を目指した工法である．これはまた長期間木材としてCO_2を貯蔵できる効果も期待されている．いずれにしても本工法の耐久性は，上記の実例で確認されたと思われる．

コラム図　トルコ，イスタンブールの郊外で掘削により出現した500年以上前の木杭

14 その他の液状化現象

Liquefaction under Other Environments

通常の地盤以外で生ずる液状化，または地震以外の環境下でも液状化が生じて困惑する場合が，最近取り沙汰されている．これらについて，その概略を紹介する．

前章までは，地震時において，しかも砂地盤で発生する液状化現象について種々の課題を説明してきた．しかし，そのほかにも液状化現象がいろいろな場所で生じていることが，最近指摘されるようになってきた．そこで以下それらについて簡単に紹介してみることにする．

14.1 細粒土の多いシルト質の砂の液状化

細粒径，つまり 0.074 mm 以下の細粒土（シルトと粘土）を 30～40% 以上含んだ土でも液状化現象が生ずることは図 7.2 で説明したとおりである．それは，粒子が微細でも粒子どうしが付着しにくい土で，振動で粒子が離れ離れになりやすい土である．その代表的なものが鉱山から廃棄物として排出される鉱滓（こうさい）である．

a. 鉱滓堆積場の崩壊

わが国は鎌倉・室町の古い時代から，金銀の生産が盛んで，当時は世界の生産の 30～50% 以上を占め西欧や中国，韓国との交易で広く取引きされていた．佐渡や石見，そして伊豆の土肥金銀山はよく知られており，東北地方でも大小の鉱山が相当数，操業していた．鉱山ではまず人力や発破で，金鉱を含む鉱脈の岩を破砕して数センチ大の石塊として採掘する．それを選鉱場へ運び出し，まず砂やシルト，あるいは粘土の粒径にまでいろいろな方法で物理的に破砕

図 14.1 鉱滓堆積場の崩壊（伊豆半島天城山中．W. Marcuson 氏提供）

図 14.2 鉱滓堆積場表面に現れた無数の噴砂口

するのである．そして，水と混合して金銀の含有量の高い部分を選別する．このことを選鉱と呼んでいるが，金銀の含有量の高い部分はさらに精錬過程に送られて化学的に処理され純度の高い金や銀として生産される．しかし，その他の大部分は大量の不用物として残る．これは鉱滓と呼ばれるが実際には泥水であり，別に準備した大きな池に破棄される．この池は周囲を土で作った簡単な堰堤で囲まれているが，内部の鉱滓は細かい土粒子が時間とともに沈殿して上澄みの水と下部の沈殿物とに自然に分離してくる．上部の水は選鉱のため再利用されるが，鉱滓の沈殿物はしだいにその量を増し，最終的には 20〜30 m の高さに達する．周囲は土のダムで囲まれているが，内部の鉱滓堆積物は永い間ゆる詰めの水中堆積物として残っている．この鉱滓はもともとは岩石を粉砕したものなので，粒子は小さくしかも粘着性が低い．これは第3章で述べた塑性指数 I_p でいうと，その値が小さく，さらさらとした感触の細粒土である．そこで振動に敏感である．

以上の理由でダム内部の鉱滓は，地震時に液状化しやすい．一方，周囲の土ダムは経費のかからない簡単な方法で作られるのが常で地震力

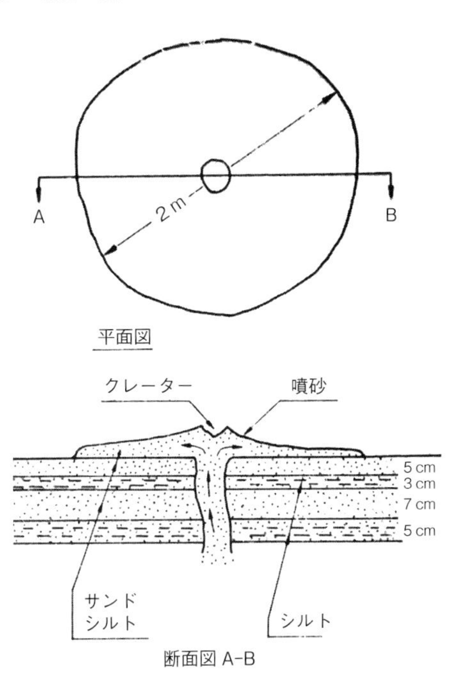

図 14.3 鉱滓堆積場における噴砂の断面図

でこわれやすく，さらに液状化した鉱滓の圧力増加が加わるため破壊しやすくなる．土ダムが崩壊すると液状化した鉱滓は，周囲の土ダムを破って下流域に流出し，大きな被害をもたらすことになるのである．1979（昭和 54）年 1 月 14 日に生じた伊豆半島沖地震（M 6.5）のときには，伊豆半島先端の天城山中にあった鉱滓砕石場が崩壊し，大量の液状化した鉱滓が流出し

図 14.4　チリ，サンチャゴ北部にあるエル・コーブル鉱山堆積場の崩壊

た．山頂にあったこの鉱滓ダムを示したのが図14.1である．そして図14.2は堆積場の内部で見られた噴砂の痕跡である．その1つを掘り起こして観察した断面が図14.3に示しているが，薄い表層の下にあった鉱滓が液状化して表面に噴出した模様がうかがわれる．

鉱山業が盛んで地震活動も大きい国の1つは，南米のチリであるが，そこでも，鉱滓ダムの崩壊が大きな問題になっている．その1つを紹介したのが図14.4である．これは1967（昭和42）年の大地震で崩壊したサンチャゴの北部にあるエル・コーブル（El Cobre）鉱山堆積物の大崩壊である．これは高さ約50 m，幅300 m，奥行き500 mの大崩壊で鉱滓は数kmにも流出して河川を汚染したのである．また，ダムの下流部分には鉱山労働者の家屋が数十戸もあり，流出した鉱滓によって100名以上の犠牲者が出た．2011年の東日本大震災の際にも気仙沼の近くにあった鉱滓ダムが崩壊して，多量の液状化した鉱滓が流出している．

14.2　船舶内の積荷の液状化

大中の船舶により，バラ荷を運搬することは古くから行われているが，含水量の高い土砂であるとか，種々の鉱石をバラ荷として運搬する船の内で発生すると考えられる液状化も最近問題になっている．鉄，ニッケル，マンガンなどの鉱石は，粒径が0.075 mm程度から20～30 mm程度まで粉砕された土石と同じ粒度構成を有するバラ荷として，船中の区画内に投入されて運搬される．これらは水で完全に飽和されていることは少ないが，高い飽和状態で荷積めされることもある．完全飽和でなくとも，数週間の航行中に船舶は大洋の波動によって揺動するため，バラ荷の鉱石内の水分はしだいに船

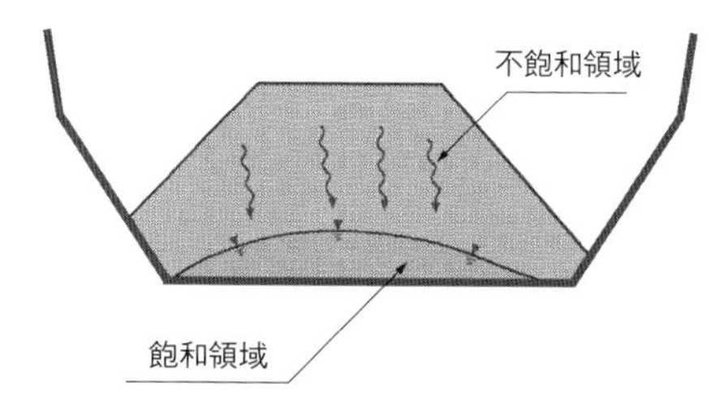

図 14.5　航行中の船内で生ずる鉱石中の水分の移動

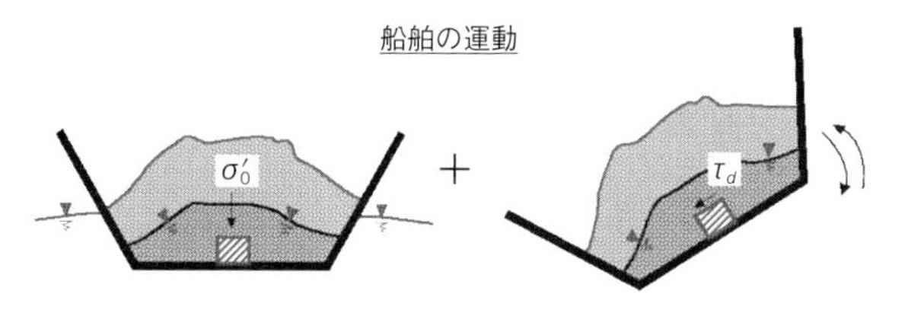

図 14.6　船舶の揺動による液状化

図 14.7　傾いて航行不能になった船体

底に向かって移動する．

その結果，積荷の下の方の部分は水で飽和された状態になりやすい．この模様を説明したのが図 14.5 である．そして引き続く航行中の船の揺動で船底近くの飽和した鉱石の堆積が繰り返しせん断力を受け液状化が発生する可能性が高くなる．これを概念的に示したのが図 14.6 である．実際，中小の鉱石運搬船で鉱石の荷くずれによって，船が傾いたり，沈没したりする事故の発生が，ネット上のニュースで報ぜられている．その1つを示したのが図14.7であるが，船体が傾いて航行不能になった例である．積荷の内部で液状化が生じ，バラ荷の表面が平坦になり，茶褐色の水が表面に溜まってしまうことも報告されている．

以上の液状化は最近注目され始めた課題であり，今後の大きな研究課題といえる．

参考文献（刊行順）

1) Domenico Carbone-Grio : Terremoti di Calabria e di Sicilia, 1884

2) Casagrande, A. : Role of the Calculated Risk in Earthwork and Foundation Engineering, *Journal of the Soil Mechanics and Foundations*, **91**. SM4, 1-40, 1965

3) Terzaghi, K. and Peck, R. B. : Soil Mechanics in Engineering Practice, 416-417, John Wiley & Sons, 1967

4) General Reports on the Niigata Earthquake of 1964〔新潟地震総合報告書〕，東京電機大学出版局，1968

5) 石原研而：土質動力学の基礎，鹿島出版会，1976

6) 吉見吉昭：砂地盤の液状化，技報堂，1980

7) 昭和58年（1983年）日本海中部地震の記録，秋田県，1984

8) 寒川 旭：地震考古学，中央公論新社，1992

9) Ishihara, K. and Yoshimine, M. : Evaluation of settlements in Sand Deposits Following Liquefaction during Earthquakes, *Soils and Foundations*, Japanese Society of Soil Mechanics and Foundation Engineerings, **32**(1), 173-188, 1993

10) Inagaki, H., Sugano, T., Yamazaki, H. and Imatori, T. : Performance of Caisson Type Quay Walls at Kobe Port, *Soils and Foundations*, Special Issue, 119-136, 1996

11) 社団法人 日本道路協会：道路橋示方書・同解説，V耐震設計編，1996

12) 寒川 旭：遺跡に見られる液状化現象の痕跡，地学雑誌，**108**(4)，391-398, 1999

13) 石原研而：土質力学 第2版，丸善，2001

14) Towhata Ikuo : Geotechnical Earthquake Engineering, Springer-Verlag, 2008

15) 國生剛治：液状化現象，鹿島出版会，2009

16) 濱田政則：液状化の脅威，岩波書店，2012

17) 國生剛治：地震地盤動力学の基礎，鹿島出版会，2014

18) 石川敬祐，安田 進，青柳貴是：海溝型巨大地震時の合理的な簡易液状化判定手法に関する研究，地盤工学ジャーナル，**9**(2)，169-183, 2014

19) Kokusho, T. : Liquefaction Research by Laboratory Tests Versus In Situ Behavior, 6th International Conference on Earthquake Geotechnical Engineering, Christchurch, New Zealand, 2015

索　　引

ア　行

カ　行

サ　行

著者略歴

石原研而（いしはら けんじ）

1934年　千葉県に生まれる
1957年　東京大学工学部土木工学科卒業
1995年　東京大学名誉教授
2010年　米国工学アカデミー外国人会員
現　在　中央大学研究開発機構・教授
　　　　工学博士

地盤の液状化
―発生原理と予測・影響・対策―

定価はカバーに表示

2017年4月25日　初版第1刷
2018年7月15日　　　第2刷

著　者　石　原　研　而
発行者　朝　倉　誠　造
発行所　株式会社 朝　倉　書　店
東京都新宿区新小川町6-29
郵便番号　162-8707
電　話　03(3260)0141
FAX　03(3260)0180
http://www.asakura.co.jp

〈検印省略〉

印刷・製本　東国文化

ISBN 978-4-254-26170-7　C 3051

Printed in Korea